W0376590

2040

TOUS DANS L'ESPACE ?

ALISIO
L'éditeur des voix qui inspirent

Suivez notre actualité sur **www.alisio.fr**
et sur les réseaux sociaux LinkedIn,
Instagram, Facebook et Twitter !

Alisio s'engage pour une fabrication éco-responsable !
Notre mission : vous inspirer. Et comment le faire sans participer à la construction du meilleur des futurs possible ? C'est pourquoi nos ouvrages sont imprimés sur du papier issu de forêts gérées durablement.

Suivi éditorial : Cécile Beaucourt
Relecture-correction : Audrey Peuportier
Maquette : Sébastienne Ocampo
Design de couverture : Caroline Gioux

© 2021 Alisio,
une marque des éditions Leduc
10, place des Cinq-Martyrs-du-Lycée-Buffon
75015 Paris – France
ISBN : 978-2-37935-129-7

HUGO & MAXIME LISOIR

DE LA CHAÎNE YOUTUBE AUX 340 000 FANS

2040
TOUS DANS L'ESPACE ?

ASTRONAUTIQUE, ASTROPHYSIQUE : CE QUE VOUS POURREZ VOIR D'ICI 20 ANS

ALISIO
SCIENCES

SOMMAIRE

Lexique 199

Les termes repérés par un astérisque dans le texte sont expliqués en fin d'ouvrage, dans la partie « Lexique ».

AVANT-PROPOS

Le but de ce livre n'est pas de prédire l'avenir. Nous n'allons pas vous annoncer à quelle date l'Homme posera le pied sur Mars ou qui sortira vainqueur dc la guerre des prix qui oppose SpaceX, Arianespace et quantité d'autres entreprises de lancement orbital. Sur une durée aussi longue, c'est un exercice vain. Philip Tetlock, psychologue à l'université de Pennsylvanie, a passé toute sa carrière à étudier et à mesurer les prédictions des experts, pour conclure qu'elles ne valent en général pas mieux qu'un simple choix laissé au hasard. Il faut bien reconnaître qu'il est très facile de se tromper lorsque l'on essaie de sonder l'avenir, même sur des durées relativement courtes. Au printemps 2019, un professionnel de la croisière nous aurait sûrement ri au nez si on lui avait dit qu'il n'aurait aucun client un an plus tard. Et pourtant, il a suffi qu'un virus microscopique franchisse la barrière des espèces dans le centre de la Chine pour ébranler toutes ses convictions.

De la même manière, en l'an 2000, un expert qui aurait tenté de prédire à quoi ressemblerait le secteur spatial en 2020 se serait certainement fourvoyé sur bien des sujets. Aurait-il pu prédire la fin de carrière abrupte de la navette spatiale* ? L'avènement des fusées réutilisables ? La première observation d'ondes gravitationnelles ? Il y a fort à parier que non. S'il avait été enclin à l'optimisme, il aurait peut-être raconté l'histoire d'un voyage habité vers Mars se déroulant à notre époque. C'était après tout un des objectifs affichés de l'administration de George Bush (père) dans les années 1990. Les prédictions à long terme étant presque toujours vouées à l'échec, faut-il mettre cet ouvrage à la poubelle dès son introduction ? On espère bien que non !

Il y a en effet quelques éléments qui peuvent nous aider à déterminer le futur des activités humaines pour tout ce qui touche à l'espace. Le premier, c'est que le secteur spatial suit des mouvements très lents, surtout du côté des programmes scientifiques. Les missions d'exploration du Système solaire et les grands observatoires astronomiques sont décidés et budgétisés des années, voire des décennies à l'avance. Les entreprises privées ont des cycles de développement plus courts, mais ne peuvent pas non plus réaliser leurs programmes spatiaux en moins de quelques années. Cette inertie dans les programmes de développement permet de se projeter facilement au moins cinq à dix ans dans le futur. Il suffit de se pencher sur les nombreux programmes qui sont actuellement engagés et qui aboutiront au cours de la prochaine décennie.

Au-delà de ce simple travail de suivi, nous allons essayer de dégager les tendances émergentes qui pourraient se développer au cours des vingt prochaines années. Pour reprendre l'exemple de notre prospectiviste de l'an 2000, il aurait peut-être pu pressentir l'émergence du *New Space*[1]. Les sociétés Bigelow Aerospace et Blue Origin venaient alors d'être créées. Deux entreprises qui comptent beaucoup aujourd'hui dans les plans spatiaux américains. Il aurait donc été raisonnable de prédire que ces entreprises allaient être suivies par d'autres, et que ce nouveau secteur privé allait occuper une place de plus en plus importante dans les activités orbitales de l'espèce humaine. De la même manière, nous allons essayer de nous intéresser aux tendances émergentes. Quelles nouvelles pratiques, nouvelles technologies et nouvelles observations ont émergé ces dernières années, et comment pourraient-elles transformer le paysage de l'industrie spatiale, voire le quotidien de chacun ?

Pour compléter cet exercice, nous essaierons aussi de poser des limites à ce qui devrait être possible au cours des vingt prochaines années. Il y a des réponses évidentes (l'humanité va-t-elle entreprendre un voyage interstellaire ? On peut déjà répondre par la négative), et d'autres qui le sont beaucoup moins (la Chine peut-elle supplanter les États-Unis en tant que puissance spatiale ? Tentative de réponse dans le chapitre 1...).

Notre objectif, c'est qu'après avoir terminé cet ouvrage, le lecteur ait une bonne compréhension des enjeux, des possibilités et des tendances qui animeront les actualités spatiales des deux prochaines décennies. L'idée de nous projeter jusqu'en 2040 n'est d'ailleurs pas un choix laissé au hasard. En effet, c'est une durée suffisamment courte pour pouvoir profiter de l'effet d'inertie des programmes spatiaux, ce qui nous permet d'ancrer nos humbles prédictions dans une réalité qui se dessine déjà. Mais vingt ans, c'est aussi une durée suffisamment longue pour pouvoir s'extraire de la simple prolongation de tendance. Cela nous permettra d'essayer de voir ce qu'il y a après le futur immédiat.

Le lycéen en phase de choisir ses études y découvrira un secteur en pleine croissance, qui promet des emplois nombreux et souvent bien payés. L'entrepreneur à la recherche d'une vision pourra peut-être y glaner des opportunités lui permettant de profiter de nouvelles tendances. Le sociologue centré sur la condition humaine y découvrira comment certaines nouvelles technologies et applications spatiales auront un impact profond sur les sociétés. Le politicien ayant les intérêts de son pays à cœur prendra peut-être conscience du rôle qu'il peut endosser afin de lui assurer une place prospère dans ce monde nouveau. Voilà une ambition qui manque clairement de modestie, mais après tout, on ne prend pas la plume si on ne souhaite pas voir un peu changer le monde.

INTRODUCTION

En juillet 1969, après un voyage de quatre jours et sept heures, deux hommes posaient pour la première fois le pied sur un autre corps céleste que la Terre. L'événement, retransmis en direct à la télévision, rassembla 650 millions de téléspectateurs, un record à l'époque. Certains d'entre eux, en Europe, veillèrent une nuit entière pour avoir une chance de participer à l'aventure. Le lendemain, les États-Unis décrétèrent une journée nationale de célébration. Les noms de Neil Armstrong et Buzz Aldrin entrèrent dans l'histoire, aux côté d'un certain nombre d'images : une empreinte de pas sur le sol d'un monde étrange, un drapeau figé sur un ciel noir de jais, un vaisseau aux formes ésotériques et des silhouettes vaguement humaines sautillant de manière maladroite.

L'épopée *Apollo* a marqué les esprits comme peu de programmes d'exploration ont su le faire. Il faut dire que le voyage lunaire est un vieux rêve pour l'espèce humaine. Au IIe siècle après J.-C., Lucien de Samosate écrivit ce qui est parfois considéré comme le premier ouvrage de science-fiction. Il y racontait de manière satirique comment il s'était retrouvé sur la Lune, après qu'une tempête avait emporté son navire dans les airs. Plus d'un millénaire plus tard, Cyrano de Bergerac, l'auteur qui a inspiré Edmond de Rostand, s'aventura lui aussi dans un récit lunaire non moins satirique. Il y décrivit un peuple sélénite habitant des palais mobiles et pratiquant une sexualité libérée. Peut-être en avance sur son époque, il avait déjà imaginé un voyage à l'aide d'une fusée. Jules Vernes et Georges Méliès apportèrent à coup de canon leur pièce à l'édifice, avec toujours la promesse d'aventures incroyables et de découvertes fascinantes.

Un siècle après la parution de *De la Terre à la Lune*, la réalité a rejoint la fiction. Pour les âmes intrépides des années 1960, l'espace était la promesse d'une nouvelle frontière, pleine de surprises, de dangers et de gloire. Werhner von Braun, ancien nazi reconverti ingénieur en chef de la NASA, imaginait des expéditions vers Mars à la manière des missions arctiques du XIXe siècle : des dizaines de scientifiques et de soldats entassés dans une véritable flotte de vaisseaux interplanétaires. La Commission de l'énergie atomique américaine supervisait le développement d'un moteur nucléaire qui devait ouvrir aux hommes les portes du Système solaire. On expérimentait des canons spatiaux, des lanceurs* géants et toutes sortes de moyens de propulsion plus fous les uns que les autres. Les premières sondes interplanétaires partaient à destination de Mars et de Vénus. Cette fièvre spatiale, alimentée par la compétition idéologique entre les États-Unis et l'URSS, a duré un peu plus d'une décennie. Et puis, le soufflé est retombé…

L'aventure lunaire s'était avérée trop coûteuse, trop dangereuse, trop difficile. Une fois la démonstration de la supériorité américaine faite, il n'y avait plus vraiment de raison de poursuivre l'effort. L'exploration de la frontière spatiale était un beau rêve qui nécessitait malheureusement des dizaines de milliards de dollars. Comment les justifier face à la pauvreté, à la faim, au manque d'éducation et aux milles autres malheurs qui nous affectent ici-bas ?

Pour tous ceux qui espéraient qu'*Apollo 11* allait signer une nouvelle phase d'expansion de l'espèce humaine, les cinquante années suivantes ont donc été une douche froide. L'être humain ne s'est plus jamais aventuré au-delà de l'orbite basse*. L'exploration du Système solaire s'est faite à l'aide de robots. Elle a certes mené à des découvertes excitantes et des images bouleversantes d'autres mondes, mais sans le frisson laissé par une empreinte de pas. Les années 1970, 1980, 1990 et 2000 ont signé des budgets et des ambitions en baisse pour de nombreuses agences spatiales. Le grand public a suivi ces aventures d'un peu plus loin. Les sondes *Voyager*, la navette spatiale*, le télescope *Hubble*, la Station spatiale internationale ou les rovers* martiens ont marqué les esprits, mais sans jamais reproduire l'engouement dont avait bénéficié

Apollo 11. Avec la fin de la guerre froide, le rythme des lancements orbitaux a fortement décéléré. En 1967, années de tous les records, 137 fusées orbitales avaient été tirées. En 1991, on ne comptait plus que 91 tirs. La baisse des activités spatiales de l'humanité s'est accentuée dans les décennies suivantes, jusqu'à atteindre un plus bas historique en 2004, avec seulement 54 tirs orbitaux. Un an plus tôt, l'accident de la navette *Colombia* avait tué sept astronautes, plongeant le programme de vol habité américain dans le désarroi. Pour les férus d'exploration spatiale, il n'y avait pas grand-chose à se mettre sous la dent, et les perspectives n'étaient guère réjouissantes.

C'est pourtant au cours de cette période moribonde qu'ont germé les graines d'une renaissance. Ces quinze dernières années, les activités spatiales ont connu une nouvelle accélération, partout autour du monde. Les budgets sont repartis à la hausse, entraînant avec eux des projets toujours plus ambitieux. La NASA a par exemple les yeux de nouveau tournés vers la Lune. L'agence a la ferme intention d'emmener à nouveau des hommes ainsi que les premières femmes vers la surface de notre satellite dès 2024. De nouveaux acteurs sont entrés en piste : des entreprises privées, et leurs méthodes nées dans la Silicon Valley. Elles développent leurs propres fusées, leurs propres satellites et parfois même leurs propres programmes habités, avec l'objectif affiché d'emmener des astronautes jusqu'à Mars ! Collectivement, ces entreprises ont levé plus de 25 milliards de dollars au cours de la dernière décennie. La Chine, jusqu'alors timide, a développé des projets spatiaux de plus en plus entreprenants, passant de 5 tirs annuels en 2005 à 39 en 2018. Le pays dispose maintenant de ses propres vaisseaux habités, de ses propres stations spatiales et de son propre programme d'exploration lunaire. Parallèlement, le budget de la NASA devrait atteindre en 2021 des niveaux qu'on n'avait pas vus depuis des décennies. Même chose côté européen, où une enveloppe record a été attribuée à l'ESA*, l'Agence spatiale européenne, lors de la dernière réunion de ses États membres. En 2018, 114 lanceurs* ont décollé : un niveau d'activité inédit depuis la fin de la guerre froide. On se croirait presque revenus à l'époque de la course à la Lune !

Cette nouvelle ruée vers l'espace est encore un peu discrète et donc peu connue du grand public. Des noms comme *James Webb*, SpaceX ou OneWeb ne vous évoquent peut-être pas grand-chose. Le spatial va cependant s'inviter de plus en plus fréquemment dans l'actualité, dans les réunions de ministres, dans les chiffres des économistes et même dans l'intimité de votre foyer.

UN NOUVEL
VERS LES

ÉLAN ÉTOILES

Chapitre 1

L'ÉMERGENCE DU GÉANT CHINOIS

L'ascension économique de la Chine au cours des trois dernières décennies et son accession au statut de grande puissance ont bouleversé la donne sur la scène internationale. Tous les secteurs d'activité sont concernés, et le spatial n'échappe pas à la règle. L'évolution est particulièrement impressionnante depuis le milieu des années 2000. En multipliant les lancements et les programmes, la Chine s'est taillé une place de leader dans le club très fermé des pays disposant d'un accès autonome à l'espace. Elle est aujourd'hui le pays qui organise chaque année le plus grand nombre de lancements. En 2018, Pékin a ainsi procédé à 39 tirs orbitaux, soit 5 de plus que les États-Unis, 19 de plus que la Russie, et 31 de plus que l'Europe ! Une situation impensable à peine dix ans auparavant. L'agence spatiale chinoise, la CNSA*, est active dans l'exploration de la Lune et de Mars. Début 2019, elle s'est distinguée en devenant le premier acteur au monde à poser un atterrisseur sur la face cachée de notre satellite. L'agence travaille sur des sondes à destination des géantes gazeuses et possède ses propres stations spatiales. Le pays a beaucoup investi sur le vol habité, ce qui lui permet aujourd'hui de disposer de capacités qui font défaut à l'Europe et qui viennent tout juste d'être restaurées aux États-Unis. Pékin vient par ailleurs de finaliser la mise en orbite de sa propre constellation* de positionnement par satellite. Ce GPS Chinois offre un argument géopolitique de poids au pays, en permettant aux nations alliées de se détacher de l'influence américaine. On se demande donc quand cette ascension fulgurante va prendre fin, ou si elle va au moins ralentir.

LENTEMENT MAIS SÛREMENT

L'émergence de la Chine spatiale s'est déroulée en totale autarcie ou presque. Pékin n'est pas impliqué dans les programmes liés à la Station spatiale internationale et ne participe pas aux grandes missions d'exploration menées par la NASA. Le pays a cependant bénéficié de transferts de technologies de la part de Moscou, et entretient quelques liens avec des nations européennes, dont la France. Ce qui distingue fortement le programme spatial chinois de ses équivalents américain, européen ou russe, c'est son rythme lent et mesuré. Les objectifs sont ambitieux, mais le pays n'hésite pas à se donner dix ou vingt ans pour les remplir. Cette démarche est rendue possible par la stabilité politique du pays. Le pouvoir central n'a pas à se préoccuper d'élections et peut donc se permettre de voir sur le long terme. Le programme d'exploration de la Lune *Chang'e* par exemple, va bientôt célébrer ses vingt ans, et devrait continuer sur sa lancée pendant au moins une ou deux autres décennies.

Cette relative stabilité permet de se projeter assez facilement dans l'avenir spatial du pays. C'est d'ailleurs pour cette raison que nous avons choisi de traiter ce thème dans le premier chapitre de ce livre. Les prévisions que nous allons maintenant apporter s'appuient sur un certain nombre d'hypothèses. La première, c'est que le parti communiste chinois va rester la force politique dominante dans le pays. Le secrétaire général Xi Jinping dispose *a priori* d'un poste à vie. En 2040, il aurait 86 ans : il y a donc de bonnes chances pour qu'on assiste à au moins une passation de pouvoir. Nous allons supposer que ce changement de dirigeant n'affectera pas ou peu la politique spatiale du pays. La seconde hypothèse sur laquelle se basent nos prédictions est que la Chine va continuer son développement à un rythme soutenu. Peut-être pas avec les 10 % de croissance annuelle des années 2000, mais tout de même avec un taux susceptible de rendre les Occidentaux jaloux. En 2040, La Chine devrait donc se battre épaule contre épaule avec les États-Unis pour la place de première économie du monde.

Une économie plus forte, c'est une capacité d'investissement plus importante, et cette puissance devrait avoir des répercussions sur les activités spatiales du pays. L'accélération fulgurante à laquelle nous avons assisté au cours des quinze dernières années va donc probablement se poursuivre. En 2040, l'agence spatiale chinoise et les entreprises privées du pays tireront probablement plus de 100 lanceurs* orbitaux par an. Soit l'équivalent de l'activité spatiale de l'ensemble de la planète en 2020. Le pays disposera de tout un arsenal de moyens de lancement, allant du microlanceur au mastodonte capable de placer 100 tonnes en orbite en un seul tir. Cette vaste panoplie permettra de soutenir toute une gamme d'applications allant du vol habité à l'exploration du Système solaire, en passant par les télécommunications ou la défense.

Pour en arriver là, le pays va continuer sa démarche de développement incrémental. Il ne tombera probablement pas dans le piège d'une course à l'espace très coûteuse avec les États-Unis. Celle des années 1960 a pesé très lourdement sur l'économie soviétique, et on peut parier que Pékin a retenu la leçon. Cela ne signifie pas pour autant que l'agence spatiale chinoise sera en retard sur ses homologues américaine, européenne, russe ou indienne, bien au contraire. La NASA est capable de mobiliser énormément de moyens humains et financiers pour parvenir rapidement à un objectif. Elle en a fait la démonstration lors du programme *Apollo*. Elle doit par contre s'accommoder d'un leadership changeant. Tous les quatre à huit ans, un nouveau locataire s'installe à la Maison-Blanche, et bien souvent, il change complètement l'orientation du programme spatial du pays. Ce qui implique la perte d'années de recherche et de développement pour se lancer dans une nouvelle direction. Sous l'emprise du parti communiste, la Chine ne s'embarrasse pas du processus démocratique. Ce qu'elle perd en vitesse de développement, elle le gagne donc en stabilité. Entre 2004 et 2020, la NASA a d'abord jeté toute son énergie vers la Lune, puis sous Obama, elle a redirigé ses efforts vers l'exploration d'astéroïdes, avant de revenir s'intéresser à la Lune une fois Donald Trump au pouvoir. Au cours de la même période, la CNSA* est restée concentrée sur l'objectif lunaire, sans jamais se laisser distraire. Si bien qu'en 2020, elle dispose de plus de missions actives à la surface de notre satellite que l'agence spatiale américaine.

Au cours des vingt prochaines années, il y a de bonnes chances pour que le scénario se répète. La CNSA* avancera lentement mais sûrement vers des objectifs définis longtemps à l'avance, tandis que la NASA devra jongler entre les souhaits des républicains et ceux des démocrates.

DESTINATION LUNE

L'un des objectifs principaux de l'agence spatiale chinoise restera la Lune et, en 2040, le pays devrait avoir réalisé des progrès fulgurants. La Chine a déjà réalisé cinq grandes missions lunaires robotisées. Elle vient notamment de réussir un retour d'échantillons, avec la mission *Chang'e 5*. Cela signifie que le pays maîtrise tous les aspects techniques nécessaires au voyage habité jusqu'à la surface de la Lune. Il est capable d'y envoyer un vaisseau et de l'en faire revenir. Il ne reste maintenant plus qu'à répéter la même opération avec des hommes. Cela devrait tout de même prendre un certain temps. L'agence spatiale chinoise pourrait tenter un vol habité vers la Lune au tournant de la décennie 2030. La première mission s'apparenterait probablement aux programmes *Apollo* et *Artemis* américains, avec des séjours courts centrés autour d'un planté de drapeau.

À plus long terme, les Chinois ne cachent pas qu'ils considèrent la Lune comme un objectif géostratégique. La Chine compte déjà envoyer certaines de ses missions robotiques vers cette région. On imagine facilement que les vols habités suivront la même logique.

POURQUOI LE PÔLE SUD LUNAIRE EST-IL L'OBJET DE TOUTES LES CONVOITISES ?

D'une part, on y trouve des cratères dont les profondeurs ne voient jamais la lumière du Soleil. En 2018, une équipe américaine a démontré qu'ils abritent de la glace d'eau, une ressource jugée fondamentale car elle peut être utilisée pour produire du carburant de fusée. Avec une station-service sur place, le voyage vers la Lune et même au-delà deviendrait beaucoup plus simple. Qui maîtrisera le pôle Sud lunaire s'ouvrira donc des options sur l'ensemble du Système solaire et de ses ressources. C'est évidemment une perspective de très long terme, mais ni les Chinois ni les Américains ne souhaitent laisser l'exclusivité d'une telle option à la puissance rivale. L'autre intérêt majeur du pôle Sud lunaire réside dans ce qu'on appelle les pics de lumière éternelle. Du fait de l'inclinaison du satellite par rapport au Soleil, certains de ses reliefs sont presque continuellement exposés à la lumière. Ce qui en fait des cibles de choix pour déposer quelques panneaux photovoltaïques. Avec de l'eau et de l'électricité potentiellement disponibles, le pôle Sud de la Lune est un endroit bien moins hostile que le reste de notre satellite.

Si l'agence spatiale chinoise parvient à réaliser un vol habité vers la Lune autour de 2030, une base permanente ou semi-permanente en 2040 paraît envisageable. Le programme *Apollo* avait perdu sa raison d'être après le triomphe des premiers alunissages : une fois les Soviétiques battus, les États-Unis n'avaient plus de raison de supporter un programme aussi coûteux. L'agence spatiale chinoise en revanche ne semble pas vouloir se placer dans une logique de course avec Washington. Une fois les premiers Chinois envoyés sur la Lune, elle devrait continuer à dérouler lentement et sûrement la suite de son programme. On pourrait donc voir une base lunaire, puis le début de l'exploitation des ressources du pôle Sud au cours de la décennie 2040.

LE VOL HABITÉ EN ORBITE BASSE*

En plus de l'aventure lunaire, Pékin devrait mettre l'accent sur le vol habité en orbite basse*. En 2040, le pays disposera d'au moins une station occupée de manière permanente. Cela lui offrira un argument de poids dans ses relations internationales, puisque la Chine sera ainsi en mesure d'inviter des astronautes de diverses nations à venir y séjourner. Une démonstration sans équivoque de la puissance et de la générosité du pays. Au-delà de cette fonction de prestige, la ou les station(s) chinoise(s) pourront servir à supporter la recherche scientifique, et éventuellement être convertie(s) en usine(s) de fabrication orbitale.

L'AVENIR RADIEUX DE LA FABRICATION ORBITALE

Construire en orbite peut avoir plusieurs applications. Avec les procédés de l'impression 3D, il est possible d'assembler directement dans l'espace des structures qui ne tiendraient pas sous la coiffe d'une fusée. Les stations, satellites et autres vaisseaux pourront ainsi adopter des formes bien plus libres que celles qu'ils ont aujourd'hui. Les stations spatiales pourraient jouer un rôle central dans la naissance de ces véritables chantiers navals orbitaux. Des expériences allant dans ce sens vont être réalisées dès l'année prochaine par le satellite *Archinaut One*.

L'autre application de la fabrication en orbite concerne les matériaux. En microgravité, certains d'entre eux ne se comportent pas comme sur Terre et adoptent des propriétés inédites. En 2016, la NASA a ainsi annoncé qu'elle allait supporter la fabrication de fibres optiques à bord de la Station spatiale internationale. Les fibres résultantes sont très pures, car l'absence de pesanteur empêche des cristaux de s'y former (un résultat impossible à reproduire sur Terre). Tout comme l'agence spatiale américaine, la CNSA* (*Chinese National Space Administration*) va chercher à développer ce type d'applications au cours des prochaines décennies. Les matériaux fabriqués en orbite resteront probablement bien trop coûteux pour intégrer des produits de la vie quotidienne, mais ils supporteront sans doute des applications de recherche et de défense.

LOGIQUES GUERRIÈRES

La Chine et les États-Unis semblent se diriger vers une logique de nouvelle guerre froide et c'est d'autant plus vrai pour tout ce qui se passe en orbite. Depuis déjà dix ans, la NASA a interdiction formelle de collaborer avec la Chine, une situation qui mène à des programmes complètement séparés et bien souvent concurrents. Américains et Chinois investissent d'ailleurs massivement dans le spatial militaire. Sous l'impulsion de Donald Trump, les États-Unis viennent de créer la *Space Force,* un corps d'armée entièrement dédié à la guerre au-delà de l'atmosphère. Les Chinois disposent déjà d'un organe équivalent depuis cinq ans. Au cours des vingt prochaines années, on peut imaginer que Pékin va accentuer ses capacités offensives et défensives dans ce domaine : armes antisatellites placées au sol ou directement en orbite, satellites hyper manœuvrants capable d'aller inspecter ou saboter d'autres engins spatiaux, et bien sûr des moyens d'espionnage toujours plus nombreux et sophistiqués.

L'espace comme nouveau champ de conflit est une tendance qu'on voit émerger depuis maintenant quelques années. Si pour le moment aucune action hostile n'a jamais été entreprise directement en orbite, les choses pourraient rapidement changer. La Chine aspire à devenir une puissance militaire de premier plan et ne peut donc pas fermer les yeux sur cette possibilité. Nous détaillerons ce sujet plus en profondeur dans le chapitre dédié à la guerre dans l'espace.

MARS DANS LE VISEUR, ENTRE AUTRES...

Fort heureusement, une bonne partie du programme spatial chinois devrait continuer à supporter des visées scientifiques. En plus de son effort lunaire, la CNSA* a Mars dans le viseur. L'agence spatiale chinoise vient de lancer sa première véritable mission à destination de la planète rouge. D'ici une dizaine d'année, elle espère procéder à une mission de retour d'échantillons. Américains et Européens travaillent sur une mission similaire qui devrait se concrétiser à peu près à la même période. Aucun échantillon n'ayant jamais été rapporté de Mars, celui qui parviendra le premier à réussir cet exploit profitera donc d'un prestige précieux pour sa propagande. En 2040, on peut imaginer que la Chine aura déjà mené de nombreuses missions à destination de Mars. Elles seront en revanche certainement toutes robotisées, car il semble peu probable que le pays soit déjà prêt à tenter un voyage habité aussi périlleux. Pékin continuera sans doute de concentrer ses efforts sur la Lune, en laissant aux Américains la possibilité de se lancer seuls dans l'aventure martienne.

La CNSA* devrait également tourner son regard vers le Système solaire externe. En 2040, le pays aura tiré plusieurs sondes à destination de Jupiter, Saturne, Uranus et Neptune. Les premières d'entre elles devraient partir dès 2024 pour des missions de survol. Elles seront probablement suivies par des orbiteurs. Vénus, Mercure et la ceinture d'astéroïdes constituent d'autres objectifs qui pourraient intéresser le pays. La Chine devrait par ailleurs continuer à étendre ses contributions dans le domaine de l'astronomie. Depuis déjà des décennies, le pays s'est trouvé une certaine affinité pour les radiotélescopes. La plus grande antenne sphérique du monde, le radiotélescope FAST, est un immense vase de 500 mètres de diamètre situé dans la province de Guizhou, dans le Sud-Ouest de la Chine. De ce côté-là au moins, le pays devrait se montrer relativement ouvert. Les radiotélescopes chinois pourront accueillir des scientifiques du monde entier et participer à des réseaux d'interférométrie. Alors qui sait, peut-être est-ce en Chine qu'on détectera un jour le premier signal issu d'une civilisation extraterrestre !

PAR-DELÀ LA POLITIQUE GOUVERNEMENTALE

Pour comprendre l'avenir spatial du pays, il faut enfin regarder au-delà de la CNSA* et des grandes entreprises d'État qui la soutiennent. La Chine a beau être dirigée par un parti communiste, elle dispose d'une économie de marché bien développée. Et depuis quelques années, c'est également vrai pour les activités liées à l'espace. Le pays abrite au moins une centaine de start-up qui cherchent à développer leurs propres fusées ou leur propre constellation* de satellites. Ces entreprises s'appellent LandSpace, ispace ou encore Galactic Energy. Certaines d'entre elles ont déjà réussi à atteindre l'orbite par leurs propres moyens, d'autres devraient y arriver dans les mois ou les années qui viennent.

Pour le moment, elles se concentrent sur des projets relativement simples : des microlanceurs capables de placer en orbite quelques dizaines ou centaines de kilogrammes ou des satellites de la taille d'une boîte à chaussures. Mais un grand nombre d'entre elles espèrent progressivement pouvoir se tourner vers des projets plus ambitieux. LandSpace, par exemple, a dans ses cartons un lanceur* capable de placer plusieurs tonnes en orbite et regroupant des technologies de pointe, qui ne sont pour le moment maîtrisées que par une poignée d'acteurs américains. LinkSpace, une autre start-up, a déjà fait voler plusieurs démonstrateurs capables d'atterrissage vertical, façon SpaceX. La plupart de ces organisations sont pilotées par de jeunes ingénieurs et entrepreneurs.

La doctrine du « lentement mais sûrement » suivie par l'agence spatiale Chinoise ne les intéresse pas vraiment. Pour avoir une chance de survivre, ces entreprises doivent en effet disposer d'un produit opérationnel le plus vite possible. Elles développent donc leurs fusées et leurs satellites à toute allure, ce qui rend leur futur assez difficile à prédire sur les vingt prochaines années. On peut tout de même gager que leurs activités vont s'intensifier, mais que leur nombre va probablement se réduire, surtout en ce qui concerne les sociétés de lancements orbitaux. À long terme, seule une poignée d'entre elles dégageront assez de bénéfices de leurs activités spatiales pour être pérennes. Celles qui tireront leur épingle du jeu devraient devenir des poids lourds du secteur.

À l'instar des start-up spatiales occidentales, le *New Space** Chinois espère inventer un monde nouveau, dans lequel les applications spatiales, voire le voyage orbital, deviendraient anodins. La Chine est un terreau fertile pour de telles aventures. Les ingénieurs qualifiés se comptent par millions et les investisseurs suivent assez librement ces idées neuves. En 2040, il est donc tout à fait possible que la Chine dispose de ses propres stations spatiales privées, destinées à la recherche ou même au tourisme des plus fortunés. D'autres applications, aujourd'hui impensables, pourraient aussi voir le jour. On pense par exemple à l'exploitation des ressources trouvées dans l'espace, que ce soit sur la Lune ou sur des astéroïdes. L'Internet par satellite, les objets connectés, la surveillance toujours plus fine de la Terre viendront compléter cette panoplie.

Que ce soit du côté du public ou du privé, on peut raisonnablement estimer que la Chine sera une des deux premières puissances mondiales en 2040 pour tout ce qui touche à l'espace. Le pays accuse encore un train de retard sur certaines technologies, comme les lanceurs* lourds, la réutilisation de fusées ou les navettes autonomes*, mais il est en train de le rattraper à toute vitesse. Dans une vingtaine d'années, il ne serait donc pas étonnant que le pays multiplie les premières, devançant dans certains cas Américains, Russes et Européens.

QUID DE L'INDE ?

La Chine n'est pas la seule puissance émergente dotée d'ambitions spatiales. Le rival indien rêve lui aussi de vol habité, de stations nationales et de missions toujours plus ambitieuses vers la Lune, Mars ou Vénus. Une bonne partie de qu'on a décrit dans ce chapitre pourrait aussi s'appliquer à New Delhi et à l'ISRO*, l'agence spatiale indienne. Le pays accuse plusieurs décennies de retard dans certains domaines par rapport au spatial chinois, mais d'ici vingt ans, la donne pourrait être très différente.

Chapitre 2

LE CHANGEMENT DE PARADIGME DU *NEW SPACE* *

Dans le premier chapitre, nous avons brièvement évoqué le *New Space** chinois. Ce terme recouvre les entreprises qui ont émergé au cours des vingt dernières années, suite à la libéralisation des activités spatiales dans certains pays. Ce phénomène concerne aujourd'hui l'ensemble de la planète. Historiquement, l'espace est longtemps resté la chasse gardée des gouvernements. Les agences spatiales et les armées nationales ont monopolisé les premiers lanceurs* et les premiers satellites. Aux États-Unis, la collaboration avec des entreprises privées s'est cependant vite intégrée à ce modèle. Lors du programme *Apollo*, c'est bien la NASA qui signait les chèques et prenait les décisions, mais des entreprises comme North American Rockwell, Grumman ou Boeing ont très largement participé à l'effort lunaire. Bien qu'il s'agisse d'une première incursion du secteur privé dans l'espace, celle-ci était encore entièrement liée à des commandes gouvernementales. Ces entreprises n'auraient en effet pas développé de véhicules spatiaux si la Maison-Blanche et la NASA ne le leur avait pas demandé.

L'arrivée des premiers satellites commerciaux, dédiés par exemple à la télévision, a permis d'entrevoir un modèle différent. Il est en effet ainsi devenu possible de lancer des charges utiles pour un client autre qu'un État. Pour répondre à cette évolution, l'entreprise Arianespace a été fondée en Europe en 1980. Elle représente une entité hybride de collaboration public-privé. Le développement des lanceurs* *Ariane* et *Vega* ainsi que de leurs infrastructures de support sont financés par les gouvernements européens. Une fois cet investissement initial réalisé, c'est une entreprise privée, Arianespace, qui prend le relais pour vendre et opérer les lancements, en essayant d'en tirer un profit. C'est un modèle qui a très bien fonctionné à la fin du XXe et au début du XXIe siècle. *Ariane 4* et *5* se sont imposés comme les lanceurs* favoris des opérateurs de satellites commerciaux.

Une solution différente s'est dessinée aux États-Unis à partir des années 2010. Elle découle directement d'une loi promulguée par le président américain Ronald Reagan en 1984 : le *Commercial Space Launch Act*. Ce texte autorise les entreprises privées du pays à concevoir, fabriquer et vendre leurs propres lanceurs* et satellites. En 1990, George H. W. Bush a fait passer le *Launch Services Purchase Act*, une autre loi qui force la NASA à passer par des lanceurs* privés lorsque cela est possible. En l'espace de quelques années, les États-Unis ont donc complètement dérégulé leur secteur de l'accès à l'espace. Ce qui explique pourquoi le *New Space** est né au pays de l'oncle Sam.

Ces lois ont d'abord profité à Boeing, Lockheed Martin ou Northrop Grumman, les partenaires historiques de la NASA, jusqu'à ce qu'une nouvelle génération d'entrepreneurs décide que plus rien ne l'empêchait d'aller mordre sur les plates-bandes de ces géants. Le *New Space** américain est aujourd'hui incarné par des entreprises comme SpaceX ou Blue Origin, et est étroitement lié à la Silicon Valley. Des fortunes du Web comme Jeff Bezos, Elon Musk ou Paul Allen ont décidé que l'espace constituait leur prochaine fenêtre d'opportunité. Ces nouvelles entreprises essaient d'apporter avec elles des méthodes innovantes pour proposer de nouvelles capacités, imaginer de nouvelles applications et surtout réduire les coûts.

DES PRATIQUES CONCURRENTIELLES

L'arrivée du *New Space** dans le secteur des lancements commerciaux s'est ainsi traduite par une guerre des prix, essentiellement amorcée par SpaceX. En développant une méthode de réutilisation partielle de ses lanceurs*, l'entreprise d'Elon Musk est parvenue à réduire significativement le coût de l'accès à l'orbite. Ce qui lui a permis de se tailler en quelques années la part du lion sur le marché des lancements commerciaux. On aurait pourtant tort de croire que ces nouvelles entreprises s'affranchissent complètement des financements publics. La NASA et l'Armée de l'air américaine les abreuvent de commandes juteuses, ce qui leur permet de supporter des développements coûteux et de proposer des prix réduits à leurs autres clients. Pour le moment, le *New Space** est donc encore une forme d'hybridation public-privé d'accès à l'espace.

Le concept s'est rapidement répandu au-delà des frontières américaines. La Chine, le Royaume-Uni, le Luxembourg ou encore le Portugal ont adapté leurs lois pour permettre à de telles activités d'émerger sur leur territoire. On compte aujourd'hui plusieurs centaines d'entreprises émergentes du *New Space** dans le monde. À la différence des poids lourds historiques comme Boeing, Lockheed Martin ou Thalès, ce sont généralement des *pure players*, c'est-à-dire qu'elles se concentrent exclusivement sur les activités spatiales.

Le *New Space** devrait jouer un rôle clé au cours des vingt prochaines années, car le secteur est en plein boom. Parties de rien, ces entreprises ont, à elles toutes, levé 25,7 milliards de dollars de capital privé au cours de la décennie 2010. Elles réalisent aujourd'hui chaque année des dizaines de lancements orbitaux et exploitent des constellations* de centaines ou de milliers de satellites.

Le *New Space** a connu un petit coup d'arrêt avec la crise du coronavirus. Lorsque l'économie mondiale sera stabilisée, on peut toutefois estimer que les investissements et créations d'entreprises repartiront de plus belle. Le cadre légal autorise maintenant leurs activités dans de nombreux pays, et les opportunités concernant de nouvelles applications ou de nouvelles méthodes de lancement innovantes ne manquent pas. Cette véritable ruée vers l'orbite ne va cependant pas toucher tous les domaines dont s'occupent traditionnellement les agences spatiales.

VERS UNE BAISSE DES PRIX ?

Le *New Space** étant constitué d'entreprises privées, logique capitaliste oblige, elles vont se concentrer sur des activités susceptibles de générer un profit. On ne verra donc pas SpaceX explorer Pluton ou Blue Origin faire de la radioastronomie. Il leur faut proposer des produits qu'ils puissent vendre, si possible à un prix supérieur à leur coût d'opération.

À partir de là, on peut estimer que le *New Space** va continuer à se développer dans quelques grands secteurs d'activité : les lancements orbitaux, les télécommunications, l'observation de la Terre, le tourisme spatial et peut-être même la construction orbitale ou l'exploitation des ressources trouvées dans l'espace. Sous l'impulsion de Donald Trump, les États-Unis ont passé en 2020 une loi autorisant cette dernière activité. En parallèle, ces entreprises continueront de vivre de la commande publique, en supportant les projets d'exploration d'agences spatiales ou les lancements des armées nationales.

D'ici une vingtaine d'années, on peut déjà raisonnablement estimer que le *New Space** aura permis une baisse continue du coût de l'accès à l'orbite. Le prix du kilo en orbite basse*, qui a déjà bien fondu ces dernières années, devrait continuer de chuter.

Il reste difficile d'estimer quelle pourrait être son estimation basse. L'hypothèse la plus optimiste envisage des lanceurs* entièrement réutilisables et ne nécessitant que peu d'entretien entre chaque vol, un peu à la manière des avions de ligne. Le coût d'un lancement se réduirait alors à celui du carburant et aux salaires nécessaires pour les opérations de lancement, de récupération et de maintenance. C'est la voie que SpaceX et certaines autres entreprises du *New Space** veulent emprunter. Il n'est pas certain qu'ils y parviennent. Pour le moment, SpaceX ne parvient à récupérer qu'une partie de ses fusées, a besoin de plusieurs semaines pour les remettre en état et ne peut guère mener plus de quelques vols avec le même booster*. On est donc encore très loin du modèle de fonctionnement d'un avion de ligne.

Même si des progrès seront effectués au cours des deux prochaines décennies, il est probable que ces entreprises ne parviendront pas à atteindre cet objectif. En 2040, la majorité des lanceurs* auront recours à une forme partielle ou complète de réutilisation. Le prix du kilogramme en orbite basse* pourrait donc être divisé par 10 par rapport au début des années 2000, si la compétition entre les nouveaux acteurs reste intense. Il est par contre probable que le taux d'échec reste élevé. Il y aura chaque année un certain nombre de fusées qui exploseront en vol ou rateront leurs orbites. Depuis les débuts de l'ère spatiale, c'est une constante qui n'a jamais pu être éradiquée. En soixante ans de lancements orbitaux, il n'y a jamais eu une seule année sans échec, et même les acteurs les plus chevronnés de l'industrie sont incapables de les éviter. Ce risque toujours présent forcera les opérateurs de satellites et autres charges utiles à souscrire à des assurances coûteuses, ce qui limitera *de facto* la baisse réelle du coût de l'accès à l'orbite. En 2040, il sera néanmoins beaucoup plus facile et beaucoup moins cher de lancer un satellite qu'en 2010. Les PME, les universités, voire les ONG, le feront régulièrement. Ils passeront notamment par un nouveau format dénommé CubeSat.

LA RÉVOLUTION CUBESAT

Les CubeSats s'appuient sur des standards permettant la construction de tous petits satellites, dont certains ne sont que des cubes de 10 centimètres de côté. Les progrès de la miniaturisation devraient cependant rendre ces nano et microsatellites de plus en plus intéressants pour un nombre croissant d'acteurs. Parmi ceux-ci, des entreprises du *New Space** essaieront de multiplier les applications possibles en orbite. Internet des objets, observation continue de la Terre, cloud informatique ultrasécurisé car placé en orbite et accessible uniquement par communication laser... C'est un sujet que nous traiterons plus en profondeur dans le chapitre dédié aux nouvelles applications du spatial.

UN SECTEUR GÉNÉRATEUR DE RICHESSES

Lanceurs* privés et autres constellations* de satellites devraient finir par créer une véritable économie de l'orbite terrestre, ce qui pourrait se traduire par des retombées économiques importantes. La banque d'affaires Morgan Stanley estime que le secteur spatial pris dans son ensemble pèsera entre 350 et 1 100 milliards de dollars en 2040. Merrill Lynch, filiale de Bank of America, voit encore plus gros : les activités spatiales et leurs dérivés pourraient rapporter jusqu'à 2 700 milliards de dollars la même année. Ce sont évidemment des estimations à prendre avec des pincettes, mais il paraît en effet très probable que le secteur continue sa croissance à grande vitesse. Le *New Space** pourrait alors se présenter comme une seconde Silicon Valley, et enrichir de manière incroyable les pays, les investisseurs et les individus ayant parié dessus, tout en laissant beaucoup de monde à la porte.

LES ÉTATS-UNIS FONT LA COURSE EN TÊTE

De la même manière que les États-Unis contrôlent aujourd'hui une grande partie du Web mondial par le biais de quelques sociétés, ils pourraient contrôler dans vingt ans une grande partie des infrastructures spatiales utilisées par l'ensemble de l'humanité. La plus grande constellation* d'Internet par satellite est par exemple en train d'être déployée par SpaceX, bien que des projets similaires commencent à émerger en Europe et en Chine. Comme nous l'avons déjà évoqué, la porosité entre les géants du Web et les sociétés émergentes du spatial est importante. Jeff Bezos, le patron d'Amazon, est aussi celui de Blue Origin, Paul allen, cocréateur de Microsoft, a donné naissance à Stratolaunch Systems. Certaines des entreprises du *New Space**, comme Astra, se sont même directement installées dans la baie de San Fransisco, au plus près du capital-risque qui alimente le Web.

D'ici vingt ans, il est donc probable que les États-Unis conservent leur statut de place forte du *New Space**, avec une concurrence chinoise tout de même importante. L'Europe se trouvera probablement un peu en retrait, même si on peut espérer qu'elle s'en sortira mieux que lors du virage de l'Internet. Il existe déjà sur le Vieux Continent un tissu important d'industriels liés au spatial, ainsi que de très nombreux talents. C'est d'autant plus vrai en France, où l'espace occupe une place stratégique depuis l'époque du général de Gaulle. En adaptant le cadre légal et en facilitant l'investissement dans les jeunes start-up du pays, il n'y a aucune raison pour que l'Hexagone ne soit pas capable de produire des licornes de l'espace !

JUSQU'OÙ LES INNOVATIONS IRONT-ELLES ?

Avec autant d'investissements et de matière grise au travail, il est intéressant d'imaginer jusqu'où les entreprises du *New Space** seront capables de pousser leurs activités d'ici deux décennies. Si une grande partie de leur chiffre d'affaires devrait provenir du lancement ou des opérations de satellites, des activités un peu plus exotiques devraient aussi venir s'y greffer. Sous l'impulsion de la NASA, un grand nombre de ces entreprises a maintenant les yeux rivés sur la Lune. D'ici quelques années, plusieurs d'entre elles devraient être capables de mener, en toute indépendance, des missions vers la surface de notre satellite. La plupart d'entre elles le feront pour le compte de l'agence spatiale américaine, mais il est aussi possible que des missions entièrement privées prennent forme.

Dans vingt ans, peut-être que certaines de ces start-up de l'espace auront trouvé un moyen de créer un business lunaire. En 2018, de minuscules bouts de roches rapportés de la Lune par une mission soviétique sont partis aux enchères à 1 million de dollars pièce. Il y a peut-être là une première opportunité pour qui sera capable d'effectuer des retours d'échantillons pour son propre compte : agrandir le catalogue de riches collectionneurs. Il s'agit tout de même d'une opération risquée : trop de succès risque de faire chuter le prix du produit vendu !

À plus long terme, il deviendra peut-être possible d'exploiter certaines des ressources trouvées sur la Lune, mais probablement pas à destination de la Terre. L'immense majorité des entreprises du *New Space** opérant sur notre satellite le feront pour le compte d'agences spatiales. Certaines d'entre elles pourraient donc être mandatées pour extraire de l'eau des cratères du pôle Sud ou pour réaliser des constructions à partir du régolithe* lunaire, dans le but de supporter une base d'exploration de la NASA et de ses partenaires.

MARS, LE PARI FOU DE SPACEX

Étonnamment, certaines des entreprises du *New Space** ont déjà les yeux rivés sur un objectif bien plus lointain et difficile que notre satellite : Mars. C'est notamment le cas de SpaceX, qui a fait de la colonisation de la planète rouge son leitmotiv. C'est une entreprise incroyablement difficile et ambitieuse. La société d'Elon Musk pense être capable de réaliser des vols habités vers notre voisine d'ici quelques années, à l'aide d'un nouveau vaisseau spécialement conçu pour cette tâche. Même si SpaceX a déjà réussi à bouleverser la donne du spatial à plusieurs reprises, il convient d'accueillir ces déclarations avec prudence. Il est par ailleurs difficile d'imaginer comment des vols martiens privés pourraient être rentables sur le long terme. Évidemment, les premiers d'entre eux intéresseraient fortement les agences spatiales… Mais après ?

Pour réussir son pari, SpaceX doit parvenir à créer un mouvement de masse en direction de la planète rouge, incluant gouvernements, entreprises et particuliers. Il s'agirait d'une sorte de nouvelle découverte des Amériques, dans laquelle le vide glacé de l'espace interplanétaire remplacerait les dangers de l'Atlantique. La vision est séduisante, mais Mars représente une destination bien plus inhospitalière que la Nouvelle-Angleterre.

DES COLONIES MARTIENNES ?

Pour permettre à l'humanité de s'y établir, il faudra qu'elle accepte de vivre de manière permanente dans un environnement contrôlé, entre des murs capables de maintenir une pression compatible avec la vie. Un confinement perpétuel de la naissance à la mort : voilà une perspective peu engageante ! Même en surmontant les barrières technologiques et économiques inhérentes à la colonisation de Mars, il faudrait que la Terre soit sacrément mal en point pour rendre le voyage attractif. Toutefois... comme l'environnement se dégrade malheureusement rapidement sur la planète bleue, peut-être que Mars prendra un jour des airs de paradis pour les générations futures.

LA TENTATION DU TOURISME SPATIAL

De manière plus immédiate, le *New Space** devrait prochainement proposer des vols habités commerciaux. De rares touristes spatiaux ont d'ores et déjà dépensé des dizaines de millions d'euros pour quelques jours en orbite. La libéralisation du secteur devrait permettre de faire baisser le prix du ticket, sans non plus le mettre à la portée de toutes les bourses.

On devrait assister d'abord à des vols suborbitaux : de petites capsules pressurisées emporteront une poignée de voyageurs pour quelques minutes en impesanteur, juste au-dessus de la frontière officielle de l'espace, à 100 kilomètres d'altitude. Deux entreprises s'attellent à développer une telle offre depuis de nombreuses années déjà : Virgin Galactic et Blue Origin. À l'heure où vous lisez ces lignes, il est même possible que l'une d'entre elles ait déjà permis à quelques riches touristes aventureux de contempler la courbure de la Terre depuis l'espace. Il faudra tout de même débourser des centaines de milliers de dollars pour s'offrir ces quelques minutes de rêve. Avec des économies d'échelle, on pourra peut-être envisager plus tard des billets se chiffrant à quelques dizaines de milliers de dollars. Ils seront réservés aux gens fortunés ou aux mordus de l'espace prêts à sacrifier des années d'économies pour toucher leur rêve du bout du doigt.

Le coût du tourisme orbital devrait lui rester trop élevé pour le commun des mortels, au moins jusqu'en 2040. L'existence de vaisseaux spatiaux appartenant à des entreprises privées, comme le *Crew Dragon* de SpaceX ou le *CST-100 Starliner* de Boeing, devrait tout de même doucement ouvrir les portes du vol orbital à de nouveaux acteurs. Les premiers richissimes touristes pourraient voler à bord d'un de ces vaisseaux dès la fin de cette année (2021) par le biais de l'entreprise Space Adventures. Par la suite, ce type d'expérience excentrique devrait devenir assez fréquent, mais sans jamais se généraliser aux personnes qui ne sont pas nanties d'au moins quelques millions de dollars. Ces nouveaux vaisseaux privés pourront aussi offrir une opportunité aux pays ne disposant pas de cette capacité. L'Europe, par exemple, est incapable d'envoyer seule des hommes dans l'espace, et c'est une situation qui risque de se prolonger puisque aucun développement de ce type n'est à l'ordre du jour. Avec des vaisseaux privés, il devient en revanche possible de mener des missions de recherche sans les développements coûteux associés à un vaisseau habité. Cela permettra à de « petits » pays, qui n'auraient jamais pu rêver d'envoyer des hommes dans l'espace, de le faire.

Pour des séjours de plusieurs jours ou semaines en orbite, il est aussi possible que l'on voie émerger de véritables stations privées dans les dix à vingt prochaines années. Cela commencera par des modules greffés sur l'ISS, qui pourront ensuite être détachés pour former de véritables stations indépendantes. Leurs opérateurs s'appelleront certainement Axiom Space ou Bigelow Aerospace. Là encore, contre une somme d'argent conséquente, il sera possible de venir y séjourner, que ce soit pour le tourisme, la recherche ou n'importe quelle autre raison. Une fois toutes ces infrastructures en place, une véritable économie du vol habité commercial sera alors en place. Peut-être qu'alors, à l'image de l'aviation civile, les prix des tickets descendront doucement au fil des décennies, pour un jour mettre le vol spatial à la portée de tous.

Chapitre 3

DE NOUVELLES APPLICATIONS

Au quotidien, nous utilisons déjà régulièrement des applications spatiales. Le GPS (ou *Galileo*) et la télévision par satellite en sont deux exemples qui parlent à tout le monde. De manière plus indirecte, certaines technologies développées pour l'espace ont trouvé une seconde vie auprès du grand public. Ainsi, les capteurs photo CMOS qui équipent votre Smartphone ont d'abord été imaginés pour permettre à des sondes spatiales de prendre des images. La mousse à mémoire de forme, qu'on trouve maintenant dans certains oreillers et matelas, a été conçue par un centre de recherche de la NASA. De nombreuses vies ont été sauvées par les propriétés isolantes des couvertures de survie, un matériau pensé à l'origine pour protéger les satellites. Au cours des vingt prochaines années, le spatial va continuer de s'inviter dans nos vies, de manière directe et indirecte. Bien sûr, seule une partie de ces nouvelles applications concernera directement les particuliers, car les services aux entreprises et aux gouvernements devraient mobiliser la majeure partie des nouvelles forces vives décrites dans le chapitre précédent.

En 2020, les applications spatiales sont déjà très nombreuses. Elles concernent essentiellement la science, l'observation de la Terre et les télécommunications, ce qui recouvre des champs d'activités et des acteurs très divers. L'observation de la Terre englobe aussi bien le suivi de la fonte des glaces que l'espionnage entre États, en passant par la surveillance du trafic maritime. Les activités scientifiques, essentiellement menées par les agences spatiales et les universités, comprennent l'exploration du Système solaire, la compréhension de notre planète, la recherche en microgravité ou encore l'observation du cosmos. Dans le domaine des télécommunications, des solutions pour Internet, la téléphonie ou la télévision par satellite sont commercialisées auprès des particuliers, des gouvernements et des entreprises. Ce dernier domaine n'est peut-être pas celui qui fait le plus rêver, mais c'est probablement celui qui risque de changer le plus au cours des vingt prochaines années. C'est donc par lui que nous allons commencer.

LE MONDE MERVEILLEUX DE L'INTERNET PAR SATELLITE

L'Internet par satellite existe déjà depuis des décennies. En tant que particulier, il vous est possible de souscrire un abonnement pour un tel service. Vous recevrez alors une parabole qu'il vous faudra pointer vers un satellite évoluant en orbite géostationnaire*. Si vous résidez en France, il y a de fortes chances pour que votre offre vous renvoie vers le satellite *Astra-2F* de l'entreprise SES ou le satellite *KA-SAT* de l'entreprise Eutelsat. Généralement, l'Internet par satellite est considéré comme une solution de dernier recours, lorsque la fibre ou l'ADSL ne sont pas disponibles. C'est donc une offre qui s'adresse essentiellement aux habitants des fameuses zones blanches, abandonnées des opérateurs classiques. L'Internet par satellite est généralement cher, instable lorsque la météo est capricieuse, et soumis à un temps de latence considérable. En effet chaque communication doit réaliser un aller-retour sur les

36 000 kilomètres qui séparent le sol de l'orbite géostationnaire*. Même à la vitesse de la lumière, cela requiert plusieurs dixièmes de seconde. Ce qui se traduit par des temps d'accès plus longs, et limite certains usages. C'est probablement pourquoi seule une très faible proportion du Web passe aujourd'hui par des satellites. Cette situation devrait cependant être amenée à changer, et assez rapidement.

L'AVÈNEMENT DES MÉGACONSTELLATIONS

Depuis maintenant quelques années, une poignée de sociétés s'attelle à la mise en place d'une nouvelle offre d'Internet par satellite. La plus avancée dans ses projets est SpaceX, avec sa constellation* Starlink. Elle est suivie de près par OneWeb, sous contrôle d'un consortium britanico-indien. Amazon compte mettre en place sa propre solution, et des intentions similaires ont été émises par Samsung, Boeing et la CASC, une entreprise d'État chinoise. Bien que l'idée de base reste la même (faire passer des communications Internet par des satellites), l'infrastructure et les performances sont radicalement différentes de ce qui a été fait jusqu'à présent. Plutôt que de s'appuyer sur un petit nombre de satellites en orbite géostationnaire*, chacun dédié à une zone géographique, ces nouvelles solutions s'appuient sur des mégaconstellations, c'est-à-dire des centaines, voire des milliers de satellites évoluant en orbite basse* et offrant une couverture mondiale.

Une fois le déploiement des satellites en orbite effectué, il deviendra aussi simple de se connecter depuis le centre d'une mégalopole que depuis le désert du Sahara ou le milieu du Pacifique. Les temps de latence et les débits devraient être tout à fait convenables car les satellites seront beaucoup plus nombreux et proches des utilisateurs, et si les tarifs suivent, ces offres pourraient devenir une véritable alternative aux fournisseurs classiques. Ce qui conduirait à des changements de grande ampleur dans le paysage d'Internet. Presque la moitié des habitants de la planète ne dispose toujours pas d'un accès régulier au Web.

Le Web francophone, par exemple, est largement dominé par les utilisateurs d'Europe et du Canada, alors que la majorité des locuteurs du français se trouve en Afrique de l'Ouest et en Afrique centrale, deux des régions où l'accès à Internet est le plus faible au monde. D'ici 2040, l'Internet par satellite rendu possible par les mégaconstellations devrait largement accélérer l'accès de ces populations au Web. Toute la francophonie pourra se retrouver dans un même espace virtuel, ce qui devrait considérablement diversifier, mélanger et stimuler les opinions, les mèmes et toute la culture de l'Internet francophone.

L'INTERNET DES OBJETS

Tandis que ces mégaconstellations s'efforceront de connecter les personnes, d'autres constellations, plus petites, s'occuperont de connecter les objets. L'Internet des objets est déjà une réalité en 2020 : montres connectées, télévisions connectées ou même réfrigérateurs connectés ont déjà envahi nos maisons. Ces objets sont cependant limités dans leur mobilité : si le wifi ou la 4G ne sont pas disponibles, ils perdent l'avantage de toutes leurs fonctionnalités liées à Internet. Avec des constellations* de satellites dédiées à l'Internet des objets, cette contrainte disparaîtra complètement. Ce qui devrait ouvrir la porte à de nouveaux usages. S'il y a évidemment peu d'intérêt à disposer d'une télévision qui peut se connecter à Internet depuis les sommets de l'Himalaya, c'est en revanche un avantage très appréciable pour une balise de détresse. La pratique des sports extrêmes ou de la navigation maritime pourraient ainsi largement bénéficier d'un Internet disponible partout, à tout moment et quelles que soient les conditions météo.

De manière moins visible pour les particuliers, la logistique devrait grandement bénéficier d'un Internet des objets par satellite. L'immense majorité des marchandises étant transportée par bateau, et le trafic maritime marchand représentant environ 500 millions de containers par an (sur lesquels il est parfois difficile de garder une bonne traçabilité), des constellations d'Internet des objets à couverture mondiale permettraient de savoir où se trouve individuellement chaque container à chaque instant. Ce qui rendrait possible l'évaluation précise des délais de livraison, l'optimisation de l'allocation des moyens de transport, et la détection immédiate de toute anomalie. De la même manière, les flottes de pêche pourraient optimiser leurs mouvements tandis que les éleveurs disposeraient d'un outil de suivi de leur bétail.

L'OBSERVATION DE LA TERRE ET SES PROGRÈS

Quittons maintenant les applications liées aux télécommunications pour nous aventurer du côté de l'observation de la Terre... L'agriculture dans son ensemble devrait bénéficier de plus en plus de ce type d'applications spatiales, notamment par le biais de l'imagerie à haute fréquence. Certains agriculteurs disposent en effet de domaines immenses, s'étalant sur des milliers d'hectares, tandis que d'autres possèdent au contraire plusieurs petites parcelles distantes les unes des autres. Dans ces deux cas de figure, il est bien difficile de garder un œil sur l'ensemble de la production, et il peut parfois s'écouler de précieuses journées avant qu'un problème d'irrigation ou la propagation d'une maladie soient détectés.

Jusqu'ici, l'imagerie par satellite n'était pas d'une grande aide, en raison de la faible fréquence de prise d'images. Savoir à quoi ressemblaient leurs champs il y a six mois n'est pas vraiment utile aux agriculteurs. Une image prise il y a quinze minutes est beaucoup plus intéressante. De nombreuses entreprises sont précisément en train de travailler à fournir ce service. L'entreprise Planet, par exemple, dispose déjà de plus de 140 microsatellites au format CubeSat qui permettent d'imager n'importe quel point de la Terre jusqu'à deux fois par jour. Cette société, et bien d'autres, pourraient envisager de vendre leurs images aux agriculteurs, aux gestionnaires de forêts, aux assurances… et probablement même aux gouvernements qui souhaiteraient par exemple s'assurer de l'efficacité d'un confinement en période de pandémie !

Au cours des vingt prochaines années, ces services d'observation de la Terre vont gagner en précision et en fréquence de revisite. Il deviendra possible d'accéder à des images prises chaque heure, voire à des intervalles encore plus faibles. En poussant la logique à son maximum, un flux vidéo constant couvrant l'ensemble de la planète depuis l'orbite devrait être technologiquement possible, et de plus en plus d'acteurs pourraient avoir recours à ces services. La gestion du trafic routier, le suivi des oiseaux migrateurs, des avions, la lutte contre la piraterie ou le braconnage sont susceptibles de devenir des applications courantes de l'imagerie par satellite.

DÉRIVES ET DANGERS POTENTIELS

Il est cependant aisé d'imaginer quelles dérives ces nouvelles possibilités pourraient engendrer. Elles créeront des inégalités fortes entre ceux qui auront accès à ces images et disposeront de la capacité de les analyser, et les autres. Appuyés par des intelligences artificielles, les traders pourront évaluer en temps réel la production et les stocks de matières premières. Ils pourront estimer précisément l'activité de certaines entreprises avant même la publication de leurs résultats. Toutes sortes d'informations économiques seront accessibles depuis l'orbite : le ralentissement d'une mine de charbon, le naufrage d'un pétrolier, le retard sur un chantier particulièrement important... Des données qui vaudront leur pesant d'or pour qui saura les analyser avant leur annonce officielle. Plus que jamais, l'accès à l'information représentera un moyen d'enrichissement pour certains et un obstacle insurmontable pour d'autres. D'ici 2040, le *data mining** d'images satellitaires devrait ainsi devenir une activité très profitable. C'est probablement ce type de développement qui pousse les banques d'affaires comme Morgan Stanley et Merrill Lynch à prévoir une croissance importante des revenus liés à l'espace.

L'autre source d'inquiétude concerne évidemment la vie privée. Nous sommes déjà nombreux à partager des détails intimes sur les réseaux sociaux, données qui sont ensuite exploitées à des fins commerciales, voire politiques, comme on l'a découvert avec le scandale Cambridge Analytica. Il y a fort à parier que tous les nouveaux objets connectés au Web satellitaire seront commercialisés avec des conditions d'utilisation, jamais lues et vite acceptées, qui porteront préjudice aux quelques miettes de vie privée qu'il nous reste. C'est exactement la même chose pour les nouvelles capacités d'observation de la Terre, qui pourraient tout aussi bien soutenir des applications de surveillance des populations. Une constellation* de satellites évoluant en orbite basse* a par nature une portée mondiale. La mécanique orbitale n'ayant que faire des frontières, ces problématiques seront d'autant plus cruciales. Une constellation* de satellites d'observation de la Terre lancée par une entreprise chinoise survolera aussi bien l'Arkansas ou la Franche-Comté que le Yunnan, sans que les territoires observés aient leur mot à dire. D'une certaine façon, nous avons déjà tous plus ou moins accepté de céder cette liberté aux États et à leurs satellites espions. D'ici quelques années ou décennies, il faudra probablement aussi la céder à des entreprises privées.

Comme les technologies du numérique avant elles, les nouvelles applications spatiales seront probablement à double tranchant pour les populations civiles. Elles offriront des possibilités fabuleuses à de nombreux utilisateurs tout en permettant des abus dangereux.

Pour constituer ces gigantesques constellations, plusieurs dizaines de milliers de satellites actifs devraient orbiter autour de la Terre en 2040, contre quelques milliers aujourd'hui. Ces véritables infrastructures orbitales auront elles-mêmes besoin de leurs services dédiés. Actuellement, lorsqu'un satellite a épuisé tout son carburant ou subit une panne majeure, on considère qu'il a fait son temps et on lance un remplaçant. C'est cependant une logique qui est en train d'évoluer. Il serait en effet moins cher et moins dangereux de le réparer ou de le ravitailler. Une première opération allant dans ce sens a été réalisée en février 2020. Un vaisseau spatial de l'entreprise Northrop Grumman est venu se greffer sur un satellite de télécommunications de l'entreprise Intelsat qui était arrivé au bout de ses réserves de carburant. Ce mariage devrait durer cinq ans, pendant lesquels le nouveau venu prêtera ses propulseurs au satellite vétéran, lui permettant ainsi de prolonger sa mission. Le satellite remorqueur se détachera ensuite pour aller fournir ses services à un autre client.

Ce type d'opération devrait largement se démocratiser au cours des vingt prochaines années. Plutôt que d'abandonner d'anciens satellites encore fonctionnels, il deviendra possible de leur apporter tout type d'assistance. Du simple remorquage, on passera au ravitaillement et aux réparations, voire à la mise à niveau des équipements. Antennes, panneaux solaires ou caméras pourront être remplacés pour prolonger presque indéfiniment la vie de certains satellites.

Pour qu'une telle industrie fleurisse, il faudra tout de même surmonter quelques contraintes. Tout d'abord, le coût du ravitaillement ou des réparations devra être inférieur au coût de lancement d'un nouveau satellite, sans quoi les clients ne seront pas nombreux. Les vaisseaux de maintenance devront donc s'appuyer sur la baisse des coûts de l'accès à l'orbite et desservir un maximum de satellites avant de vider eux-mêmes leurs réservoirs. Par ailleurs, la clé du succès d'une telle opération réside probablement dans la standardisation des équipements. Actuellement, les satellites n'incluent pas cette préoccupation dans leur cahier des charges : ils ne disposent pas de système permettant de remplir rapidement leur réservoir en orbite ; leurs antennes, leurs propulseurs ou leurs caméras n'ont pas été pensés pour être changés à la volée, et surtout, les différents fabricants et opérateurs de satellites s'appuient sur différentes plateformes ayant très peu de standards communs. Ces standards, il faudra les créer, que ce soit pour le transfert de carburant, les raccords électriques ou les différents systèmes d'attache. Les éléments d'un satellite devront être conçus de manière modulaire, et facilement remplaçables, un peu comme un nouvel objectif qu'on installe d'un simple clic sur un ancien reflex. Bref, tout le secteur devra abandonner ses méthodes un peu artisanales pour entrer dans une logique d'industrialisation à grande échelle. Le télescope spatial *Hubble* est un bon exemple de ce type de fonctionnement. Pensé dès le départ pour être modulaire et visité par des équipes de maintenance, il a été réparé et mis à niveau à cinq reprises entre 1993 et 2009, ce qui explique en grande partie sa longévité exceptionnelle.

Comme évoqué dans le chapitre précédent, cette idée pourrait être poussée encore plus loin en envisageant la fabrication en orbite. Dans un premier temps, cette application restera bien trop coûteuse pour s'intégrer dans l'économie terrestre, mais elle pourrait sur le long terme contribuer à supporter les besoins croissants des infrastructures orbitales. Fabriquer des pièces détachées à la demande, en fonction des pannes répertoriées sur les constellations* de satellites améliorerait les délais de maintenance et réduirait les besoins de lancement.

PAR-DELÀ L'ORBITE TERRESTRE

Au-delà de l'orbite terrestre, les applications commerciales devraient rester assez discrètes. Quelques entreprises travaillent sur le minage d'astéroïdes ou l'exploitation des ressources lunaires, mais il y a peu de chances qu'elles bénéficient du même niveau de croissance que les applications centrées sur la Terre et l'humanité. Elles pourront éventuellement se développer dans une sorte de microéconomie locale (les ressources lunaires servant à alimenter les activités lunaires, etc.), mais probablement pas avant au moins quelques décennies.

On a déjà largement traité du vol habité dans le chapitre précédent. Sur ce front-ci, la principale évolution dans les usages devrait concerner le tourisme spatial. Il est difficile d'évaluer quelle ampleur l'activité pourra prendre. Les prix devraient cependant conserver cette activité hors de portée de l'immense majorité des bourses. La recherche et le développement ainsi que le support aux activités des agences spatiales devraient aussi lentement se développer. De manière anecdotique, il est aussi possible qu'Hollywood et l'industrie du divertissement s'invitent en orbite. Il existe déjà au moins un projet de film de fiction devant être tourné dans la Station spatiale internationale. Les budgets et les recettes faramineuses des blockbusters américains pourraient rendre ce type d'activité rentable.

On clôt ce chapitre sans avoir évoqué les nouvelles applications spatiales liées à la science. Pas d'inquiétude, c'est un sujet qu'on va largement développer dans les chapitres suivants de ce livre. La science restera la principale motivation poussant les humains à aller voir ce qui se passe au-delà de l'orbite terrestre. Certes, les agences spatiales travailleront de plus en plus étroitement avec le secteur privé, mais dans de nombreuses aventures, elles resteront seules à bord. La NASA, l'ESA* ou leurs homologues chinoise et japonaise comptent elles aussi profiter des évolutions technologiques et applicatives qui affectent l'ensemble de l'industrie spatiale. Faire voler des drones dans l'atmosphère de Mars ou de Titan, déployer de gigantesques interféromètres dans l'espace pour intercepter des ondes gravitationnelles, construire une base de recherche sur la Lune, autant de projets passionnants qui vont mobiliser scientifiques et ingénieurs au cours des vingt prochaines années.

Chapitre 4

LES TECHNOLOGIES DE DEMAIN

Pour mettre en place les applications décrites au chapitre précédent, les entreprises et les agences spatiales vont s'appuyer sur de nouvelles technologies. Elles multiplieront les possibilités et permettront d'abaisser les coûts de fabrication, de lancement et d'opération des engins spatiaux. La croissance des activités orbitales constatée au cours de la dernière décennie repose d'ailleurs déjà en partie sur des innovations technologiques. Notamment du côté des lanceurs*.

En soixante-trois ans d'histoire spatiale, les véhicules qui permettent d'emmener des robots et des hommes jusque dans l'espace ont peu évolué. La fusée qui a lancé *Spoutnik* en 1957 ressemble comme deux gouttes d'eau à celles qui propulsent aujourd'hui les *Soyouz* russes jusqu'à la Station spatiale internationale. Les performances de ces dernières sont bien sûr un peu meilleures, mais l'architecture, le principe de fonctionnement et même les sites de lancement restent les mêmes. C'est peut-être cette stagnation qui explique pourquoi tout au long du XXe siècle le prix du kilo en orbite basse* est resté très élevé. Depuis 2010 cependant, on assiste à une guerre des prix sur le marché des lancements commerciaux.

DES LANCEURS* RÉUTILISABLES ?

L'entreprise SpaceX a décidé qu'elle allait récupérer une partie de ses fusées pour pouvoir vendre ses lancements moins cher que la concurrence. La récupération de lanceurs* orbitaux n'est pas une idée neuve. En effet, ce qui rend les mises en orbite si coûteuses, c'est en partie le fait que chaque fusée est à usage unique. Imaginez si on envoyait les avions à la casse après chaque vol ! Les voyages intercontinentaux deviendraient inaccessibles pour la plupart d'entre nous. Seulement, récupérer et réutiliser un système orbital est loin d'être simple. La NASA s'est essayée à cet exercice avec les navettes spatiales* et le résultat n'a pas été très concluant. Certes les navettes étaient réutilisables, mais elles sont loin d'avoir rempli leur objectif d'abaissement des coûts. Au début du programme, l'agence spatiale américaine espérait que chaque vol lui coûterait 9,3 millions de dollars (prix ajusté pour l'inflation : 65 millions de dollars en 2020), or la facture finale se situe plutôt autour de 1 demi-milliard par vol.

SpaceX espère remplir le même objectif avec une technologie différente. L'entreprise a développé un moyen de récupérer et de réutiliser les premiers étages de ses fusées, en les faisant atterrir à la verticale sur une barge en mer. Certains d'entre eux ont déjà pu participer à sept missions. On est encore loin de la durée de vie d'un Airbus A320, mais c'est un pas dans la bonne direction. SpaceX et d'autres entreprises espèrent concevoir dans les années qui viennent des boosters* réutilisables jusqu'à 100 fois, ce qui permettra d'amortir le coût de construction sur les différents vols, et donc théoriquement d'abaisser considérablement le prix des lancements orbitaux. Ces nouveaux lanceurs* reposent presque tous sur un type de moteur innovant, utilisant la combustion du méthane. Ce choix permet de concevoir des moteurs à la fois plus efficaces et plus simples à entretenir entre chaque vol.

Les optimistes pensent que c'est ce qui permettra un jour de traiter les lanceurs* orbitaux comme des avions : un plein de carburant, une petite inspection technique, et ils seront prêts à repartir ! Pour y parvenir, il faudrait cependant concevoir un lanceur* entièrement réutilisable, ce qui signifie que toutes les parties pourraient être récupérées après chaque vol : le premier étage, mais aussi le second, ainsi que la coiffe. Ce qui paraît en 2020 encore utopique.

Des progrès réels sont cependant effectués chaque année pour y parvenir. SpaceX développe par exemple un tel concept : son vaisseau dénommé *Starship*, en plus d'être entièrement réutilisable, est absolument gigantesque. D'autres entreprises privées pourraient être tentées de se lancer sur ce même créneau. Un lanceur* complètement réutilisable en 2040 est donc une hypothèse sérieusement envisageable.

LES PROMESSES DE LA FABRICATION ADDITIVE

La baisse des coûts de l'accès à l'espace ne passe pas que par la réutilisation. Pour d'autres acteurs, c'est la fabrication additive (plus connue auprès du grand public sous le nom d'impression 3D) qui sera la clé du succès. Un lanceur* à ergols* liquides est une machine incroyablement complexe. La fusée *Saturn 5*, qui a propulsé les astronautes du programme *Apollo* jusqu'à la Lune, comportait ainsi plus de 3 millions de pièces. Concevoir, usiner, tester et assembler ces gigantesques puzzles est une opération longue et gourmande en main-d'œuvre qualifiée, ce qui explique en grande partie le coût faramineux des lanceurs* orbitaux. La fabrication additive promet de réduire grandement cette complexité, puisque cette technologie permet de créer en une seule opération des pièces aux formes alambiquées, qui auraient nécessité, avec des procédés d'usinage classique, un assemblage de plusieurs parties. Pour certains usages, le résultat est sans appel. Des organes de moteurs-fusées qui nécessitaient auparavant un assemblage minutieux de plusieurs centaines de pièces peuvent dorénavant être reconstitués à partir de trois ou quatre éléments imprimés en 3D. La fabrication additive s'est donc déjà largement invitée dans la fabrication d'*Ariane 6* ou de certains lanceurs* américains.

L'entreprise Relativity Space est la championne toutes catégories de cette approche. Elle travaille sur la conception d'une fusée entièrement imprimée en 3D, des moteurs jusqu'à la coiffe. Cette fusée ne devrait comporter que 730 pièces. Comparés aux 3 millions de la *Saturn 5*, c'est sûr qu'il y a du progrès. D'après ses développeurs, cette simplicité extrême rend la réutilisation caduque : il devient en effet possible de construire un lanceur* très rapidement et à faible coût.

VERS D'AUTRES PISTES DE RÉDUCTION DES COÛTS

Pour d'autres acteurs, la baisse des prix de lancement passe par un effort sur les matériaux. Les composites à base de fibre de carbone sont particulièrement appréciés pour leur résistance et leur poids plume, qui permettent d'améliorer les performances des lanceurs*. SpaceX a au contraire choisi de rester fidèle à sa philosophie de simplicité maximale. Le *Starship* évoqué précédemment devrait être entièrement conçu en Inox, un matériau certes moins high-tech que la fibre de carbone, mais qui a le mérite de ne coûter que 3 dollars au kilo.

Enfin, il est aussi possible d'abaisser les coûts liés à un lanceur* en optimisant l'organisation de la production, la logistique, voire les sites et les méthodes de lancement. Un pas de tir est une installation coûteuse. L'Europe a par exemple déboursé 600 millions d'euros pour celui d'*Ariane 6*. Certaines entreprises essaient de s'affranchir de cette dépense, en passant par exemple par des lancements aéroportés. De petites fusées peuvent en effet décoller sous les ailes d'un avion porteur, à la manière d'un missile. L'entreprise Virgin Orbit a modifié un Boeing 747 à cette fin, tandis que l'entreprise Stratolaunch Systems a fabriqué le plus grand avion du monde par l'envergure, pour tirer jusqu'à trois lanceurs* orbitaux en un seul vol. D'autres acteurs du *New Space** étudient la possibilité de lancer en mer à l'aide d'un ballon atmosphérique, voire même d'une catapulte rotative. Ce ne sont pas les idées qui manquent.

LE NERF DE LA GUERRE : UNE BAISSE CONTINUE DES COÛTS

Tous ces efforts de recherche devraient en tout cas déboucher sur une baisse continue du coût de l'accès à l'orbite au cours des vingt prochaines années. Il est cependant difficile de prévoir jusqu'où cette baisse pourra aller. Si des lanceurs* entièrement réutilisables et ne nécessitant que peu d'entretien sont effectivement mis au point, elle sera très importante et modifiera profondément les usages de l'espace. Si au contraire ces objectifs très ambitieux ne sont que partiellement atteints, l'accès à l'orbite restera cher, ce qui limitera les applications.

LA PISTE DE LA MINIATURISATION

Du côté des opérateurs de satellites, la tendance est à la miniaturisation, là encore dans une optique de réduction des coûts. L'équation est très simple : si le prix d'une mise en orbite est facturé au kilo, un satellite ou une sonde interplanétaire plus petits et moins massifs coûteront moins cher à lancer. Avec cette logique en tête, des universités californiennes ont créé au tournant des années 2000 le format CubeSat. L'idée est de concevoir de tout petits satellites à partir de briques standardisées de 10 centimètres de côté et de moins de 1,33 kilo, appelées « unités ». On peut ainsi concevoir des CubeSats de 2, 3, 6, 9 ou 12 unités. La masse finale du satellite est donc très contenue tout en conservant des possibilités intéressantes. Les CubeSats ont connu un succès foudroyant. Ils sont vite sortis du cadre universitaire et sont maintenant utilisés par les agences spatiales, les entreprises privées et même de simples amateurs. Il est en effet possible à tout un chacun d'acheter en ligne les composants nécessaires à l'assemblage d'un CubeSat, sous réserve de disposer de quelques dizaines ou centaines de milliers d'euros ! Début 2020, plus de 1 200 de ces nanosatellites avaient déjà été lancés. Un chiffre qui devrait doubler d'ici 2024.

Miniaturiser les systèmes de propulsion et de communication, les panneaux solaires, les ordinateurs, les caméras ou les capteurs de ces minuscules vaisseaux est un véritable défi technique qui occupe de nombreuses entreprises du *New Space**. En France, les entreprises ThrustMe et Exotrail développent par exemple des systèmes de propulsion électrique dédiés aux CubeSats. Dans les vingt prochaines années, le format va continuer à se développer et la miniaturisation devrait se poursuivre. Un satellite de quelques kilos est déjà une prouesse technique, mais certaines applications devraient avoir recours à des satellites de quelques centaines de grammes, voire à de minuscules formats de moins de 5 grammes. La proposition n'est pas si surprenante que ça. Pensez à l'incroyable condensé de technologies qu'il est possible de faire tenir dans un Smartphone de 200 grammes !

Des satellites de poche ont déjà été lancés à titre expérimental. En 2019, un projet démarré sur Kickstarter (une plateforme de financement participatif américaine) a permis l'envoi d'une mission dénommée *Kicksat-2*. Il s'agissait d'un CubeSat de 3 unités servant de vaisseau mère à une armée de 105 minuscules satellites, chacun de la taille d'un timbre-poste. L'expérience a permis de prouver qu'il était possible de les faire communiquer entre eux et avec des stations au sol. Ce type de format a le potentiel de mettre les applications spatiales à la portée de toutes les bourses, puisque les 105 satellites déployés par Kicksat-2 ont coûté moins de 100 dollars pièce. Évidemment, cela ne présente un intérêt que si on peut leur confier des applications réelles, mais là encore les idées fusent déjà. Les CubeSats et leurs minuscules cousins peuvent servir aussi bien à l'observation de la Terre qu'aux télécommunications ou à l'exploration du Système solaire. Certaines des constellations* évoquées dans le chapitre précédent sont d'ailleurs basées sur ce format. Au cours des deux prochaines décennies, des NanoSats* pourraient aussi être tirés en grand nombre vers la Lune, Mars ou Vénus pour un coût dérisoire.

L'EXPLOITATION DES RESSOURCES EXTRATERRESTRES

Sur le plan de l'exploration interplanétaire, d'autres technologies prometteuses commencent à pointer le bout de leur nez. On a déjà évoqué l'exploitation des ressources spatiales, dorénavant autorisée par les lois de certains pays. C'est une étape qui n'a encore jamais été franchie en pratique, mais dès 2021, un robot de la NASA testera une méthode permettant d'extraire de l'oxygène à partir de l'atmosphère martienne. Oxygène, hydrogène et méthane comptent parmi les ressources qui intéressent le plus les agences spatiales et les entreprises privées. Ce sont en effet des ergols* brûlés par les moteurs des fusées. Sur la Lune, il est possible de produire de l'hydrogène et de l'oxygène par électrolyse de l'eau, puisqu'il existe des dépôts de glace d'eau cachés dans les cratères de son pôle Sud. Sur Mars, on pourrait y ajouter le CO_2 atmosphérique pour créer du méthane par réaction de Sabatier.

Être capable de produire ces ressources sur place est difficile. Il faut trouver l'eau, l'extraire, la purifier et disposer de sources d'énergie considérables pour réaliser les réactions chimiques nécessaires. C'est pourtant un défi qui pourrait être relevé dans les vingt prochaines années. La NASA a déjà envoyé plusieurs missions vers la Lune pour identifier les dépôts de glace d'eau les plus intéressants. Elle a aussi proposé à ses partenaires privés et internationaux de nouveaux accords qui encadreraient l'exploitation des ressources lunaires.

En plus de la précieuse glace d'eau, il est aussi possible d'utiliser le régolithe* de notre satellite comme matériau de construction. La Lune est couverte d'une couche de poussière très fine et collante, une véritable plaie pour les hommes et les machines. Cette poussière peut toutefois être agglomérée pour servir de base à des matériaux de construction. L'Agence spatiale européenne a mené une série d'expériences allant dans ce sens. À l'aide d'un analogue du régolithe* lunaire reconstitué sur Terre et d'oxyde de magnésium, elle a pu imprimer en 3D une série de structures pouvant former des murs, des dômes ou des tunnels. Cette technologie pourrait se révéler cruciale pour l'installation d'une base lunaire habitée.

La surface de notre satellite est un environnement très hostile, soumis à de fortes radiations, à des impacts de micrométéorites et à des températures extrêmes. Les habitats lunaires envisagés par les agences spatiales pour les prochaines décennies doivent donc être blindés. Comme le moindre kilo envoyé en orbite, et à plus forte raison vers la Lune, coûte encore très cher, il y a un intérêt certain à fabriquer ce blindage sur place, à partir de ressources locales. Pour optimiser les coûts de transport d'une base lunaire, il serait ainsi possible d'avoir recours à des modules gonflables, qui seraient recouverts d'une épaisse couche de régolithe* protectrice imprimée en 3D. Européens, Russes et Chinois semblent disposés à expérimenter cette technologie directement sur la Lune dans les années qui viennent. Évidemment, la même démarche pourrait être appliquée sur le sol martien, avec des matériaux différents. C'est cependant un développement qu'il faudra probablement réserver à l'après-2040.

LES COMMUNICATIONS SPATIALES PAR LASER

Dès qu'on s'éloigne un peu de l'orbite terrestre, une des plus grosses contraintes des missions spatiales concerne les télécommunications. En 1957, *Spoutnik 1* a émerveillé la terre entière en émettant une série de bips par radio. Encore aujourd'hui, l'immense majorité des satellites et sondes spatiales fait transiter ses communications par ce moyen. C'est une méthode efficace pour traverser les grands espaces, mais qui n'est pas parfaite. À grande distance, il faut en effet dépenser beaucoup d'énergie pour obtenir un débit de communication correct. La sonde *New Horizon*, qui a survolé Pluton en 2015, ne peut transférer ses observations qu'à raison de 1 ou 2 kilobits par seconde. Transmettre une simple photo devient alors une opération longue et fastidieuse. De même, les nouvelles applications décrites dans le chapitre précédent, comme l'Internet par satellite, pourraient se heurter un jour à la relative lenteur des communications radio.

La réponse à ces limitations pourrait passer par le laser. Depuis une vingtaine d'années, une série d'expériences a été menée par les agences spatiales du monde entier pour transmettre des signaux sur de grandes distances à l'aide d'un faisceau de lumière cohérente. En 2013, la NASA est ainsi parvenue à transmettre une vidéo haute définition d'un discours à la sonde *LRO*, évoluant en orbite lunaire. L'orbiteur lunaire a ensuite réussi à renvoyer ce message par le même moyen. De son côté, l'Agence spatiale européenne est en train de développer un système dénommé EDRS, qui promet de relier satellites, avions et stations au sol grâce à des terminaux laser.

LES ATOUTS DU LASER

Les lasers opèrent à des longueurs d'onde 10 000 fois plus courtes que la radio, ce qui signifie qu'il est possible d'y encoder beaucoup plus d'informations. Par ailleurs, un faisceau laser se disperse moins que des ondes électromagnétiques, incohérentes sur de grandes distances. Des propriétés idéales pour communiquer avec un vaisseau voyageant des millions ou des milliards de kilomètres.

Les communications spatiales par laser sont doucement en train de quitter le domaine expérimental pour entrer dans le champ des applications concrètes. L'entreprise Blue Origin conçoit actuellement un atterrisseur lunaire destiné à transporter du fret jusqu'à la surface de notre satellite : il est équipé d'un système de communication par laser. SpaceX souhaite doter les milliers de satellites de sa constellation* dédiée à l'Internet d'un système similaire, ce qui permettrait de faire voyager un signal d'un bout à l'autre de la Terre sans passer par des stations relais au sol. D'ici vingt ans, les communications spatiales par laser devraient donc s'être assez largement démocratisées, même si elles ne remplaceront probablement pas complètement les antennes radio, qui resteront suffisantes (et bon marché !) pour de nombreux usages.

LE FUTUR DE LA PROPULSION SPATIALE

Ce sujet est l'objet de nombreux fantasmes… Certes les moteurs au méthane et la réutilisation représenteraient une avancée appréciable, mais qu'en est-il de l'hydrogène métallique, des moteurs à fission ou fusion nucléaire, voire à antimatière ? Toutes ces technologies font rêver les amateurs de science-fiction depuis des décennies. Elles promettent de transformer le voyage martien en une banale croisière de quelques semaines et semblent pouvoir ouvrir les portes du Système solaire à l'humanité. Et pourtant, d'année en année et de décennie en décennie, elles restent au point mort.

Des travaux de recherche ont bel et bien été menés dans ces domaines. Un moteur nucléaire thermique est par exemple théoriquement assez simple à mettre en œuvre et bien plus efficace que les moteurs chimiques qu'on trouve actuellement sur la plupart des engins spatiaux. La NASA en a développé et testé un dès les années 1960, mais il a été abandonné sans jamais avoir servi, suite aux fortes réductions budgétaires des années 1970. Beaucoup plus récemment, l'agence spatiale américaine a repris ces travaux, et en 2019, elle a reçu une enveloppe de 125 millions de dollars pour résoudre certains des défis d'ingénierie liés à la propulsion nucléaire spatiale. En Russie, le bureau d'étude KB Arsenal travaille sur un remorqueur spatial qui utiliserait un réacteur nucléaire pour produire l'électricité nécessaire à ses moteurs. À plus petite échelle, le laboratoire de physique des plasmas de Princeton travaille quant à lui sur un concept de propulsion spatiale très expérimental reposant sur la fusion nucléaire. Dans ces trois projets et dans quelques autres, il ne faut cependant pas s'attendre à des applications rapides. D'une part, il reste encore de nombreux défis techniques à surmonter, et d'autre part, il existe une réticence tout à fait compréhensible à déployer des réacteurs nucléaires dans l'espace. La part d'échec des lanceurs* orbitaux est encore importante et, très régulièrement, des fusées sont détruites sur leur pas de tir ou dans l'atmosphère... Avec quelques dizaines de kilos d'uranium enrichi à bord, les conséquences de tels accidents pourraient être autrement plus dramatiques.

Et pourtant, il n'existe pas d'autre solution miracle. Si l'on ne met pas à contribution l'énergie nucléaire, les voyages interplanétaires resteront des aventures qui s'étaleront sur des mois ou des années. On peut peut-être espérer que les lanceurs* orbitaux deviendront un jour aussi fiables que les avions de ligne. Auquel cas, le transport d'un moteur nucléaire jusqu'à l'orbite représenterait un risque bien plus acceptable. Si on est un peu optimiste, cette partie au moins du problème pourrait bien être résolue au cours des vingt prochaines années.

Chapitre 5

DÉBRIS ORBITAUX, ASTÉROÏDES TUEURS : ATTENTION DANGER !

Pour supporter les applications spatiales de demain, des dizaines de milliers de nouveaux satellites vont être déployés aux cours des prochaines décennies. Ils constitueront probablement une source de prospérité pour la planète, mais elle ne sera pas sans contreparties. Un objet placé en orbite peut en effet y rester très longtemps… ce qui pose des problèmes considérables.

L'ESPACE : UNE POUBELLE GÉANTE ?

La vie opérationnelle d'un satellite est généralement assez courte : quelques années, deux ou trois décennies tout au plus. Une fois que son carburant est épuisé, qu'une panne survient ou que ses équipements sont jugés obsolètes, il est bien souvent abandonné. S'il est placé sur une orbite particulièrement stable, son cadavre peut continuer à tourner autour de la Terre pendant des décennies, des siècles, voire des millénaires. Il devient alors un débris orbital. Sur les 20 000 objets placés en orbite par l'humanité depuis la fin des années 1950, à peine plus de 10 % sont encore actifs aujourd'hui : les autres sont donc venus grossir les rangs des débris spatiaux. Si on y ajoute les petits éléments annexes des missions, les boosters* de fusées qui se décomposent, les objets oubliés par les astronautes (plus courant qu'on pourrait le croire), ou les sacs-poubelle éjectés depuis la station *Mir*, les débris spatiaux se comptent plutôt par centaines de milliers. Le problème a été particulièrement aggravé par quelques tests d'armes antisatellites. En détruisant des cibles en orbite, ils ont créé des nuages de plusieurs milliers de tout petits débris, difficiles à suivre au radar.

Ces débris orbitaux induisent un véritable danger de collision pour les satellites encore actifs, ou même pour les vaisseaux habités et les stations spatiales. Un débris n'a pas besoin d'être grand pour être dangereux. Les vitesses orbitales sont en effet prodigieuses, et lorsqu'une collision survient, c'est souvent à plusieurs kilomètres par seconde. Dans ces conditions, un bout de métal de quelques millimètres de diamètre délivre plus d'énergie à l'impact qu'une balle de fusil.

Jusqu'ici, les débris orbitaux étaient suffisamment peu nombreux pour que ce risque reste facile à gérer. Après tout, l'orbite terrestre reste un espace immense et malgré leur nombre, les débris orbitaux ne croisent pas souvent la route d'autres objets spatiaux. Les plus grands d'entre eux sont par ailleurs suivis par les agences spatiales. La NASA possède un bureau spécialisé dans cette tâche, et l'ESA* a construit aux Canaries un télescope optimisé pour la recherche de débris. Lorsque l'un d'eux est jugé dangereux pour un vaisseau ou un satellite, ce dernier effectue une manœuvre d'évitement. L'ensemble de ces procédures rend pour le moment les accidents extrêmement rares, même si quelques-uns se sont produits, qui nous permettent de prendre la mesure de la menace.

En 2009, un satellite de télécommunications de la constellation* Iridium est entré en collision avec un vieux satellite militaire russe désaffecté. Le terme « collision » peut faire penser à un accident de voiture, mais on parle ici d'un choc à 42 000 kilomètres à l'heure ! Les deux satellites ont été pulvérisés et sont venus créer deux nouveaux nuages de plusieurs milliers de débris orbitaux. Ce type de rencontre illustre un des principaux dangers de tels accidents : la réaction en chaîne.

Si deux satellites se percutent, ils créent un nombre incroyable de petits débris, dangereux et difficiles à suivre. Ces débris risquent alors d'aller percuter d'autres satellites, ce qui donnera naissance à encore plus de débris, etc. C'est le syndrome de Kessler : un terrible effet boule de neige qui pourrait finir par transformer l'orbite terrestre en no man's land. En 2020, c'est une perspective qui inquiète. La multiplication des lancements et des satellites de toutes tailles rend le suivi plus difficile et les accidents plus probables. Depuis une vingtaine d'années, de nombreux gouvernements ont donc émis des recommandations sur la gestion de la fin de vie des satellites. Les États-Unis conseillent ainsi de prévoir une stratégie qui permette de rendre inoffensif un satellite en moins de vingt-cinq ans après la fin de sa mission. Pour les constellations de plus de 100 satellites, il faut qu'au moins 90 % d'entre eux soient sortis de leur orbite opérationnelle, par le haut ou par le bas. Ce ne sont malheureusement que de simples recommandations, et vingt-cinq ans reste encore une durée très longue. De nombreux acteurs acceptent toutefois ces règles du jeu, et la plupart des grands opérateurs de satellites suivent effectivement ces recommandations.

MIEUX GÉRER LA FIN DE VIE DES SATELLITES

Il existe plusieurs moyens de se débarrasser du risque induit par un satellite arrivé en fin de vie. En fonction de son altitude, un objet spatial est soumis à une traînée atmosphérique résiduelle. Celle-ci ralentit progressivement l'objet et lui fait perdre de l'altitude. Les satellites évoluant en orbite basse* ont ainsi une espérance de vie assez courte : un objet placé sur une orbite circulaire à 200 kilomètres d'altitude finira par rentrer dans l'atmosphère en seulement quelques jours. À 300 kilomètres, ce sera plutôt quelques mois, et autour de 400 kilomètres (l'altitude qu'occupe la Station spatiale internationale) une ou deux années. C'est pour cette raison que les satellites en service sont obligés de rehausser régulièrement leur orbite s'ils veulent échapper à une rentrée atmosphérique destructive. Sur le front des débris orbitaux, les orbites très basses sont donc simples à gérer : il suffit de laisser l'atmosphère se charger du nettoyage. En effet, lorsqu'un satellite rentre dans l'atmosphère à grande vitesse (27 000 kilomètres à l'heure), il est rapidement détruit par la chaleur engendrée par les frottements. Mais dès qu'on grimpe un peu, à 500 ou 1 000 kilomètres d'altitude, les délais avant une rentrée atmosphérique s'allongent fortement, jusqu'à dépasser le millénaire. Le problème est amplifié sur l'orbite géostationnaire* : une bande située au-dessus de l'équateur à 36 000 kilomètres d'altitude. Elle est en effet tellement stable qu'on peut pratiquement la considérer comme éternelle. Sur ce type d'altitude, on ne peut donc pas se contenter d'attendre que l'atmosphère fasse le travail : il faut adopter une stratégie active.

De nombreux satellites conservent donc une réserve de carburant pour la gestion de leur fin de vie. S'ils évoluent sur une orbite assez basse, ils vont essayer de se rapprocher de l'atmosphère terrestre pour précipiter leur rentrée en moins de vingt-cinq ans. S'ils évoluent en orbite géostationnaire*, ils vont au contraire augmenter leur altitude pour aller se placer sur une orbite cimetière qui ne constitue aucun danger pour les satellites actifs.

Les futures grandes constellations dédiées à l'Internet par satellite évolueront sur des orbites basses et moyennes. Leurs opérateurs ont annoncé des stratégies de désorbitation des satellites assez agressives (SpaceX prévoit par exemple qu'elle interviendra moins de cinq ans après la fin de la mission de ses satellites).

Malgré ces mesures, le danger reste présent. Fin 2019, un satellite d'observation de la Terre de l'Agence spatiale européenne a ainsi dû effectuer une manœuvre pour éviter une potentielle collision avec un satellite de la constellation Starlink. À l'époque, il n'y avait que 62 satellites de cette constellation en orbite. À la date où nous écrivons ces lignes, ils sont 800, et d'ici à ce que vous les lisiez, Starlink comportera certainement plus de 1 000 satellites.

SpaceX affirme que ses satellites sont dotés d'un système d'évitement automatique. Mais souvenez-vous : un unique accident peut suffire à déclencher une réaction en chaîne. Avec une telle densité d'objets évoluant à une altitude similaire, on peut avoir l'impression de jouer avec le feu…

QUE FAIRE DES VIEUX SATELLITES ET DES DÉBRIS ?

Le sort des vieux satellites et des débris qui sont incapables de se désorbiter par leurs propres moyens doit aussi être étudié. Ils présentent un risque réel, comme on l'a vu avec l'accident de 2009, et chaque année qui passe est un lancer de dés supplémentaire. Technologiquement, rien n'interdit d'employer des remorqueurs spatiaux pour venir les déloger de leur orbite. En 2018, l'expérience RemoveDebris a même démontré qu'il est possible de se débarrasser de débris orbitaux à l'aide de filets et de harpons. Il n'existe cependant aucune pression économique ou législative pour forcer les opérateurs de satellites à le faire.

En étant optimiste, on pourrait compter sur la bonne volonté de ces acteurs. L'opérateur Iridium, par exemple, a annoncé qu'il était prêt à payer pour désorbiter 30 de ses plus vieux satellites, à condition que le prix du service soit suffisamment bas. Il ne suffit cependant que de quelques récalcitrants pour que le danger reste présent. Une solution durable pourrait venir d'un véritable changement législatif opéré par les pays qui représentent les plus grands marchés pour ces satellites. Autrement dit, on gagnerait à ce que les recommandations déjà en place deviennent des obligations. Un marché de la désorbitation pourrait alors se créer, et si la compétition est suffisante, les prix de ces services pourraient permettre aux opérateurs de satellites de ne pas se ruiner.

Il y a cependant des raisons d'être pessimiste à ce sujet. Le danger est en effet difficile à quantifier : les petits débris, impossibles à suivre au radar ou au télescope, peuvent suffire à détruire un satellite ; la probabilité d'un accident, déjà non nulle, augmente chaque année avec l'arrivée de nouveaux objets en orbite ; les lois qui permettraient de stabiliser la situation évoluent bien moins vite que l'industrie bouillonnante du spatial. D'ici 2040, il paraît donc probable que plusieurs satellites auront été endommagés ou détruits par des débris. Est-ce que cela sera suffisant pour déclencher un syndrome de Kessler ? Le risque existe… Il serait en tout cas bien dommage que l'humanité transforme l'orbite de sa planète en un champ de projectiles infranchissable.

ASTÉROÏDES, MÉTÉORITES* ET AUTRES PROJECTILES…

Les débris artificiels ne sont pas le seul danger qui plane sur les satellites et les stations spatiales. Ces derniers peuvent aussi être percutés par des projectiles naturels. Chaque jour, la Terre est ainsi bombardée par une centaine de tonnes de météoroïdes*, des particules de la taille de grains de poussière qui viennent se consumer dans l'atmosphère. Elles frappent parfois les satellites et les vaisseaux spatiaux à grande vitesse. C'est pour cette raison que les modules de la Station spatiale internationale sont blindés.

Certains de ces projectiles sont suffisamment massifs pour survivre à leur entrée dans l'atmosphère. Ils deviennent alors des météorites*. Cet objet évoque des images de cataclysme dans l'imaginaire collectif, mais il s'agit en réalité d'un événement assez banal. Chaque année, environ 6 000 météorites* frappent la Terre, soit environ 17 par jour. La majorité des impacts a lieu dans les océans et les objets en jeu ne sont pas très massifs, donc peu dangereux.

GARE À L'IMPACT !

Il suffit de se pencher sur quelques cratères célèbres de notre planète ou d'observer la surface de la Lune pour comprendre que parfois, un impact de météorite* peut être très violent. Le cratère de Chicxulub, au Mexique, est dû à l'impact d'un astéroïde de plusieurs dizaines de kilomètres de diamètre. La taille du cratère, environ 180 kilomètres, suggère un choc d'une énergie colossale, des milliards de fois plus important que celui créé par une arme nucléaire. La datation du cratère, environ 66 millions d'années, correspond aussi à une des extinctions de masse qu'a connue la vie sur Terre.

Le risque qu'une météorite* massive frappe notre planète n'est pas nouveau et reste très faible : il a bien peu de chances de se réaliser dans les vingt prochaines années. Ce qui est nouveau en revanche, c'est la capacité des humains à détecter en avance un tel événement, et peut-être même à l'empêcher de survenir. Depuis quelques années, les agences spatiales mènent des politiques actives de défense planétaire. Elles consistent à surveiller le ciel, à cataloguer les objets potentiellement dangereux et à concevoir et tester des méthodes pour les neutraliser.

Un objet potentiellement dangereux est un astéroïde ou une comète d'un diamètre supérieur à 140 mètres et susceptible de croiser la route de la Terre. Un objet de cette taille pourrait en effet être source de destructions importantes autour de son point de chute. En 2013, un bolide de 15 à 20 mètres a explosé dans le ciel au-dessus de la ville russe de Tcheliabinsk. La détonation a libéré une énergie équivalente à 30 fois celle de l'arme atomique utilisée sur Hiroshima. Les dégâts matériels ont été importants et près d'un millier de personnes ont été blessées. Une météorite* de 140 mètres aurait un effet autrement plus destructeur. Si elle chutait dans l'océan, elle pourrait produire un tsunami sur les côtes environnantes. En explosant dans l'atmosphère ou en impactant la surface, elle apporterait la destruction sur des milliers de kilomètres carrés. Ces événements ne sont pas si rares que ça, puisque le dernier remonte à un peu plus d'un siècle. En 1908, un météore d'une taille comprise entre 50 et 190 mètres a explosé au-dessus de la toundra russe. La violente explosion a mis à terre près de 80 millions d'arbres, dans une région heureusement largement inhabitée.

Pour le moment, 1 974 astéroïdes potentiellement dangereux ont été recensés. Ils croisent régulièrement la route de notre planète à moins de 7,5 millions de kilomètres de distance. Un petit nombre de comètes viennent aussi grossir cette liste. La NASA estime cependant que tous les objets dangereux ne sont pas connus. De plus, le Système solaire est dynamique : les orbites de ces petits objets changent au gré de leur passage auprès des planètes, ce qui impose une surveillance constante du ciel. Le plus gros astéroïde potentiellement dangereux s'appelle 1999 JM8 et mesure 7 kilomètres de diamètre. S'il venait un jour à percuter la Terre, le choc serait suffisant pour déclencher une nouvelle extinction de masse et modifier durablement le climat de notre planète.

ANTICIPER LA MENACE

L'humanité n'a pas encore les moyens d'empêcher un tel événement de se produire, mais elle y travaille. La première partie de la solution à ce problème consiste à pouvoir prédire le danger avec autant d'avance que possible. Mais malgré la longue liste d'astéroïdes géocroiseurs* connus, les astronomes et les agences spatiales se font encore surprendre. En 2019, un astéroïde de 50 à 130 mètres de diamètre a été découvert un jour seulement avant son passage au plus près de la Terre ! Pour éviter ce genre de mauvaise surprise, il faudra augmenter les capacités de détection.

UN NOUVEAU GARDIEN

En octobre 2022, l'observatoire Vera C. Rubin commencera officiellement ses observations. Ce grand télescope est conçu pour mener une surveillance quasi continue du ciel, ce qui lui permettra d'étudier les propriétés de la matière noire et de l'énergie noire, de cartographier la Voie lactée, mais aussi de découvrir de nombreux petits objets qui orbitent autour du Soleil. La NASA estime que ce télescope pourra multiplier par dix les catalogues existants d'astéroïdes géocroiseurs* et d'objets potentiellement dangereux. Grâce à lui, nous devrions connaître 90 % des objets qui représentent une menace réelle pour la Terre d'ici 2035. Ce qui devrait déjà offrir une évaluation du risque bien plus précise.

Dans le même temps, les agences spatiales américaine et européenne ont mis au point un projet qui va tenter pour la première fois d'infléchir l'orbite d'un astéroïde grâce à un impacteur. La mission *DART* décollera au cours de l'été 2021 et voyagera jusqu'à un astéroïde double dénommé Didymos. Ce dernier est un des objets potentiellement dangereux pour la Terre. Il est composé d'un corps principal, d'environ 780 mètres de diamètre et d'une petite lune, d'environ 160 mètres de diamètre. C'est cette dernière qui est visée par la mission *DART*. La sonde de 1 demi-tonne viendra percuter le plus petit des deux astéroïdes à près de 24 000 kilomètres à l'heure. Cela devrait être suffisant pour modifier très légèrement son orbite autour de Didymos. Quelque temps plus tard, la mission européenne *Hera* arrivera sur les lieux pour s'assurer que le stratagème a bien fonctionné.

LA PISTE DE L'ARME NUCLÉAIRE

Un impact à grande vitesse est une des techniques les plus simples qui permettrait de dévier un astéroïde de sa course meurtrière. Il en existe de nombreuses autres. Dans une optique de défense planétaire, les armes nucléaires pourraient ainsi endosser le rôle du rédempteur : plutôt que d'apporter la fin des temps, elles pourraient permettre de tous nous sauver ! Un astéroïde potentiellement dangereux est un objet très massif. Bennu, par exemple, est un géocroiseur de 250 à 300 mètres de diamètre, pour une masse de 78 millions de tonnes ! Pour dévier un tel monstre, il faudrait déployer une grande quantité d'énergie de manière concentrée… Et c'est exactement ce que fait une bombe atomique. Mise à feu à faible distance d'un astéroïde, elle pourrait le faire dévier significativement de sa trajectoire.

Si un astéroïde réellement dangereux devait être découvert demain, avec un impact estimé dans quelques années, la stratégie nucléaire serait très certainement envisagée. Les technologies nécessaires existent déjà et les risques liés au lancement d'une arme atomique seraient très certainement acceptés au vu du danger. En 2015, la NNSA, l'autorité de sûreté nucléaire américaine, a d'ailleurs décidé de retarder le retrait de la B53, l'arme atomique la plus puissante de l'arsenal des États-Unis. Or elle n'a plus vraiment d'intérêt stratégique dans le cadre d'un conflit armé, car des armes moins puissantes combinées à des missiles plus précis permettent d'atteindre un effet destructeur équivalent. En revanche, elle conserve toute sa pertinence dans le cadre d'une stratégie de défense contre des astéroïdes potentiellement dangereux… et c'est probablement ce qui a motivé la décision de conserver cette arme.

D'AUTRES OUTILS PROMETTEURS ?

D'autres méthodes moins explosives pourraient fonctionner sur un temps suffisamment long : créer une poussée sur l'astéroïde à l'aide de moteurs-fusées pourrait par exemple permettre de le dévier ; cela demanderait en revanche de déployer des ressources conséquentes pour aller installer ces moteurs et les ravitailler régulièrement en ergols*. Un autre moyen consisterait à frapper la cible à l'aide de faisceaux lasers depuis la Terre, pour en vaporiser des parties. Bien ciblées, ces frappes pourraient là aussi créer une petite poussée qui, en s'additionnant sur le temps long, finiraient par dévier l'astéroïde de sa course meurtrière. De manière plus créative, il est aussi possible d'essayer de changer l'albédo de la cible en la peignant d'une couleur différente. Cela modifierait la façon dont elle est affectée par la pression du rayonnement du Soleil, ce qui devrait là encore changer sa course. Ces méthodes ont cependant besoin de plusieurs années, voire de décennies pour produire un effet réel.

Toutes les stratégies de déviation ou de destruction ne peuvent fonctionner que dans le cas d'une détection très précoce, ce qui nous ramène à la première étape clé d'une stratégie de défense efficace : détecter, suivre et classifier les menaces. D'ici 2040, de grands progrès devraient être effectués sur ce front : l'humanité connaîtra certainement la majorité des objets présentant un risque. Cela motivera ou non le développement accéléré de moyens de défense planétaire. Il restera cependant impossible d'avoir la certitude exacte que tout danger est écarté. Même si tous les astéroïdes géocroiseurs* étaient connus, les comètes à longue période, voire les objets interstellaires continueront à présenter un risque bien plus difficile à prévoir. Ces objets ne passent en effet dans le voisinage de la Terre que tous les quelques millénaires, voire ne passent qu'une seule fois dans le cas d'objets originaires de l'extérieur du Système solaire. Il faut donc se résoudre à l'idée que les craintes des Gaulois n'étaient pas complètement infondées. Le ciel pourrait bien un jour nous tomber sur la tête, sans que toute notre technologie ne puisse y changer grand-chose.

Chapitre 6

L'ESPACE DEVIENDRA-T-IL UN NOUVEAU CHAMP DE CONFLIT ?

On l'a vu dans les chapitres précédents, l'espace est à la fois un formidable levier de développement économique et une source sans fin d'émerveillement scientifique. Mais depuis les débuts de l'ère spatiale, c'est aussi un outil militaire. Historiquement, le développement des missiles intercontinentaux et des lanceurs* orbitaux est étroitement lié. La fusée qui a permis de placer *Spoutnik* en orbite est ainsi dérivée du missile R-7 Semiorka, à l'origine pensé pour délivrer des charges nucléaires à des milliers de kilomètres. Aujourd'hui encore, les missiles M51, qui constituent l'essentiel de la force de dissuasion française, profitent largement des technologies des boosters* à poudre d'*Ariane 5*, et sont d'ailleurs fabriqués par ArianeGroup. C'est pour cette raison que les tentatives de lancements orbitaux de l'Iran ou de la Corée du Nord sont étroitement surveillées par les puissances occidentales. Qui peut placer une charge utile en orbite peut théoriquement expédier une tête nucléaire presque partout sur la planète. Les technologies nécessaires sont les mêmes.

L'IMAGERIE MILITAIRE : UN DOMAINE CLÉ

Bien que le scenario d'une guerre nucléaire reste pour le moment (et fort heureusement) tout à fait hypothétique, l'espace a toutefois été investi par les armées de différents pays depuis des décennies pour d'autres usages. Les satellites de télécommunications militaires permettent par exemple de mettre en place des lignes sécurisées au-dessus des zones de conflit. Le GPS a avant tout été pensé pour satisfaire les besoins de positionnement de l'armée américaine. Et bien entendu, le fait de placer un télescope et une caméra en orbite permet de voir ce qui se trame chez le voisin sans courir les risques associés à un avion espion.

Cette dernière application a été développée dès les années 1950 : avant même d'avoir réussi à placer un satellite en orbite, les Américains réfléchissaient à la manière de les utiliser pour obtenir des clichés du territoire soviétique. Leur première génération de satellites espions s'est appelée Corona. Équipés d'un ou deux appareils photo et de kilomètres de bobine, ils orbitaient à très basse altitude. À l'ère de la photo argentique, il leur fallait stocker physiquement les clichés dans des capsules de rentrée atmosphérique, qui étaient périodiquement larguées avec plus ou moins de précision. Le système de récupération des clichés impliquait un avion, qui devait attraper au vol la capsule descendant sous parachute. L'espionnage spatial a donc connu des débuts très rocambolesques. Cette débauche d'efforts et d'ingéniosité nous permet de réaliser l'immense valeur que les militaires ont toujours accordé à l'imagerie orbitale.

DES PERFORMANCES NUMÉRIQUES EN CONSTANTE AMÉLIORATION

Aujourd'hui, les satellites espions utilisent la photo numérique et sont bien plus performants. Leurs capacités ne sont pas communiquées publiquement, mais elles sont certainement prodigieuses. Pour exemple, le miroir qui servira au futur grand télescope spatial WFIRST de la NASA est issu d'un don de la NRO*, l'administration américaine qui s'occupe des satellites espions. Pour l'agence spatiale américaine, c'est un miroir de premier ordre, d'un pouvoir de résolution comparable à *Hubble* et d'un champ de vision bien supérieur. Pour la NRO*, c'est juste un surplus dont ils ne savaient plus quoi faire. Les meilleurs satellites d'imagerie commerciale peuvent atteindre une résolution de 30 centimètres par pixel dans de bonnes conditions. On peut donc aisément imaginer que les meilleurs satellites militaires s'alignent au moins sur ces performances.

Outre les photos qu'ils rapportent, certains d'entre eux travaillent dans l'infrarouge, ce qui leur permet par exemple de repérer la chaleur émise par les tuyères* de missiles ou de fusées. Ils sont couplés à des systèmes de détection précoce qui constituent la base des méthodes de défense antimissile. D'autres sont dédiés au renseignement d'origine électromagnétique et tentent d'intercepter les signaux radio issus de l'activité humaine à la surface (que ce soient des communications ou des émissions involontaires qui pourraient trahir la présence d'un navire, d'un avion ou d'un radar).

L'INTELLIGENCE ARTIFICIELLE À LA RESCOUSSE

Comme pour les applications civiles, le futur de l'imagerie et de l'interception des signaux militaires passe par l'intelligence artificielle. La NRO* développe depuis quelques années une initiative dénommée « Sentient ». Il s'agit bien évidemment d'un programme classé secret défense, et les informations dont dispose le grand public sont donc peu nombreuses. Elles sont cependant suffisantes pour se faire une idée des capacités qui devraient émerger au cours des prochaines années. Sentient vise à automatiquement observer, classifier, fusionner et analyser les informations de type militaire depuis différentes sources, dont les images satellites. Sur la base des signaux récoltés, une intelligence artificielle peut alors prendre la décision d'orienter les télescopes des satellites espions vers une cible particulière, dans l'attente d'un événement pressenti : des mouvements de missiles stratégiques, les essais en vol d'un nouvel avion, etc. C'est une technique qui se nomme « *Tip & Cue* » et qui se généralise très rapidement, dans les armées et chez les sociétés privées.

L'entreprise BlackSky est un parfait exemple du développement de cette technologie, puisqu'elle prévoit de lancer une soixantaine de satellites d'observation de la Terre. Une poignée est déjà en orbite et fournit des images d'événements géostratégiques. En plus de cela, elle achète les images de 25 autres satellites, surveille en continu 40 000 sources d'information, reçoit des mises à jour de 70 000 avions et bateaux et d'une centaine de millions d'appareils mobiles. Le 13 juin 2019, deux pétroliers étaient attaqués dans le détroit d'Ormuz. Alerté par les signaux Internet locaux (tweets, sites d'information) et les balises de détresse des deux navires, les programmes d'intelligence artificielle de BlackSky ont immédiatement ordonné à leurs satellites de photographier les lieux, capturant les deux bateaux et leur colonne de fumée noire quelques instants seulement après l'attaque.

Ce type d'observation réactive, dictée par des signaux externes, devrait se généraliser dans les armées occidentales. En plus de leurs propres satellites, elles pourront s'appuyer sur les constellations* et les services d'analyse commerciaux, comme ceux de BlackSky. Les analystes et les états-majors auront alors à leur disposition des images et parfois des vidéos des sites de crises et de conflits peu après, voire pendant les événements. Des intelligences artificielles analyseront en permanence les positions et les mouvements des flottes, des avions ou des véhicules adverses, décelant le moindre petit changement dans les routines de patrouille et d'entraînement, et alertant immédiatement les analystes concernés. C'est peut-être d'ailleurs déjà une réalité au sein de certaines agences.

Il y a cependant des risques à pousser cette logique trop loin. Les capacités d'analyse des intelligences artificielles restent limitées et un service de renseignement qui s'appuierait trop sur elles pourrait se laisser duper. Depuis l'orbite en effet, même avec de très bonnes optiques, un avion ou un navire n'est qu'une bouillie de pixels. Une mauvaise lecture des signaux pourrait multiplier les faux positifs et les faux négatifs, envoyant les satellites chasser des chimères, éventuellement sous l'impulsion d'un adversaire habile dans la manipulation de l'information.

LE SCÉNARIO D'UNE GUERRE ORBITALE EST-IL UNE PURE FICTION ?

L'utilisation de l'espace à des fins militaires se limite pour le moment aux télécommunications et à la reconnaissance. Il se pourrait cependant qu'un jour les conflits s'exportent directement en orbite. Si pour le moment aucun satellite ou vaisseau n'a jamais été volontairement détruit par une puissance rivale, Américains, Russes, Chinois, Indiens et Européens se préparent très clairement à ce scénario.

DES ARMES DANS L'ESPACE ?

Le 9 juillet 1962, l'armée américaine procédait à l'essai nucléaire Starfish Prime. Ce dernier consistait à faire exploser une arme à hydrogène à 400 kilomètres d'altitude, là où orbite aujourd'hui la Station spatiale internationale. L'explosion a provoqué une gigantesque impulsion électromagnétique qui a fait sauter l'éclairage public et le téléphone jusqu'à Hawaï, à 1 500 kilomètres de là. Les radiations engendrées par l'arme ont provoqué des dégâts sur une dizaine de satellites, dont un britannique et un soviétique. Même les scientifiques américains qui avaient préparé l'essai ont été surpris par la puissance de l'effet.

Peut-être intimidées par les possibilités de telles armes, les grandes puissances ont ratifié cinq ans plus tard le Traité de l'espace, un texte de loi encore en vigueur aujourd'hui qui interdit notamment le déploiement d'armes de destruction massive en orbite. Il n'interdit cependant pas le lancement d'armes plus conventionnelles, une situation qui s'est déjà produite. Au milieu des années 1970, les Soviétiques ont ainsi lancé les stations spatiales *Saliout 2*, *3* et *5*. S'il s'agissait officiellement de stations de recherche scientifique, elles avaient en réalité une vocation militaire sous le nom de code Almaz. Leurs équipages décollaient avec du matériel photo pour réaliser des missions de reconnaissance. Une solution coûteuse et finalement peu pertinente en comparaison de satellites entièrement robotisés.

Les Soviétiques s'attendaient peut-être à subir des attaques directement en orbite, puisqu'ils avaient monté un canon d'autodéfense sur la station *Saliout 3*. Dérivé d'une arme d'aviation, il n'a jamais été utilisé en situation de combat. Après le départ du dernier équipage de la station, il a cependant réalisé plusieurs tests de tir automatique, qui constituent probablement la seule occurrence de l'utilisation d'une arme à feu dans l'espace.

Les années 1980 ont quant à elles été placées sous le signe des lasers, d'abord par l'initiative de défense stratégique du président américain Ronald Reagan, présentée en 1983. Elle visait à fournir un système de défense contre les missiles intercontinentaux du camp soviétique. De nombreuses propositions ont été étudiées, parmi lesquelles le déploiement de satellites équipés de lasers à rayons X qui auraient pu détruire tout missile visant les États-Unis. L'initiative a été abandonnée dix ans plus tard, mais entre-temps, c'est Moscou qui s'était emparé de l'idée. Le 15 mai 1987, la gigantesque fusée *Energia* réalisait son premier vol. Elle emportait avec elle le non moins gigantesque satellite *Polious*. D'une masse de plus de 90 tonnes, ce dernier a brûlé dans l'atmosphère sans atteindre l'orbite. *Polious* était équipé d'un laser de 1 mégawatt, qui aurait pu être utilisé pour détruire les satellites antimissiles de l'initiative de défense de Reagan, restaurant ainsi l'équilibre de la terreur. Depuis la fin de la guerre froide, aucune arme antisatellites n'a été déployée directement dans l'espace, du moins pas officiellement.

DES TIRS SOL-ESPACE

Il est également possible de détruire un satellite depuis le sol, et de ce côté-là, les événement s'accélèrent. Plusieurs nations ont mené des tests d'armes antisatellites tirées depuis la surface, le dernier en date ayant été réalisé par l'Inde en 2019. Un missile antibalistique modifié est ainsi allé détruire un satellite cible évoluant à un peu moins de 300 kilomètres d'altitude. L'impact a eu lieu avec une précision d'une dizaine de centimètres : une performance impressionnante quand on se rappelle que le satellite en question évoluait à plus de 25 000 kilomètres à l'heure par rapport à la surface.

Américains, Russes et Chinois ont déjà mené des tests similaires. La multiplication de ces essais peut inquiéter sur le plan des débris orbitaux. Le test chinois en particulier a créé des milliers de petits débris qui présentent un danger potentiel pour les autres satellites évoluant sur la même orbite. Il faut donc espérer que le développement d'armes antisatellites pourra, à l'instar de celui des armes nucléaires, se satisfaire de simulations.

DES ARMES ORBITALES CONTRE DES CIBLES TERRESTRES

C'est une idée qui a été envisagée très tôt dans l'histoire spatiale. Le projet Thor, par exemple, proposait de larguer des piliers de tungstène de plusieurs mètres de long depuis un satellite. Atteignant le sol à très grande vitesse, ils auraient un effet dévastateur sans qu'aucun explosif ne soit nécessaire. Fort heureusement, le coût prohibitif de la mise en orbite de tels systèmes ne permet pour le moment pas leur déploiement.

UNE GUERRE TECHNOLOGIQUE ET STRATÉGIQUE

Les missiles constituent la face la plus agressive de la guerre antisatellites, mais pas la seule. Un laser aveuglant, une attaque informatique ou un brouillage de signal peuvent tout aussi bien neutraliser les capacités d'un satellite ennemi, temporairement ou définitivement. C'est la solution vers laquelle semble se tourner la France. En juillet 2019, Florence Parly, ministre des Armées, est revenue sur un incident impliquant un satellite de télécommunications franco-italien et un mystérieux satellite russe dénommé *Luch-Olymp*. L'incident en question a eu lieu en 2017. Le satellite russe a manœuvré pour se rapprocher du satellite de télécommunications militaire européen, ce que la France considère comme une tentative d'espionnage intersatellites. *Luch-Olymp* aurait cherché à évaluer les capacités, voire peut-être à écouter les communications du satellite franco-italien.

Cet incident a poussé l'armée française à débloquer une enveloppe de 700 millions d'euros pour doter ses satellites de capacités d'autodéfense. Elle se traduira d'abord par l'installation de caméras de contre-espionnage sur les prochains satellites militaires du pays. En plus d'observer ce qui se passe au sol, les satellites de reconnaissance devront donc rester vigilants sur ce qui se trame dans leur entourage immédiat. Ils pourront aussi être accompagnés de petits satellites, chargés d'effectuer pour eux ce travail de surveillance. Le premier d'entre eux, dénommé *Yoda*, est déjà en développement, et devrait être lancé en 2023.

DES SATELLITES ARMÉS… POUR QUOI FAIRE ?

À plus long terme, la France envisage de doter ses satellites les plus sensibles de systèmes d'armes plus ou moins létales, allant du laser aveuglant au canon balistique, et les autres puissances spatiales semblent suivre un raisonnement similaire. Les armes antisatellites se situent pour le moment dans une zone grise au niveau juridique, car aucun accord entre grandes puissances ne réglemente leur test ou leur utilisation. Cette situation ne risque pas de changer de sitôt tant elles peuvent adopter des formes différentes. Il est ainsi aisé de camoufler ces tests en prétendant qu'il s'agit de systèmes pour lutter contre les débris orbitaux. En 2018, la Chine a ainsi émis plusieurs propositions visant à installer des lasers en orbite pour aider à désorbiter des débris. L'initiative a été accueillie froidement par les puissances occidentales, car qui peut désorbiter un débris peut désorbiter un satellite actif. La frontière entre l'outil de nettoyage et l'instrument de guerre est parfois bien mince.

Ces évolutions laissent entrevoir un futur où certains satellites militaires reprendront le rôle qu'occupent les sous-marins dans les océans depuis le début de la guerre froide. Ils chercheront à espionner les nœuds globaux de communication (rappelez-vous qu'une grande partie du trafic Internet mondial devrait passer par l'espace d'ici quelques années ou décennies), tout en jouant entre eux à un immense jeu du chat et de la souris.

D'ici vingt ans, les capacités de manœuvre, d'espionnage et de destruction en orbite devraient s'être implantées sur les satellites de plusieurs pays, rendant la perspective d'une guerre orbitale tout à fait tangible. Comme on l'a vu dans les chapitres précédents, des infrastructures orbitales supporteront une partie substantielle de l'économie mondiale, à travers l'Internet par satellite et les nouvelles applications d'observation de la Terre, faisant du contrôle militaire de ce milieu un enjeu de souveraineté nationale et de domination globale.

Cette militarisation de l'espace pourrait par ailleurs se développer au-delà de l'orbite. La Lune et son pôle Sud riche en glace d'eau constituent pour les Américains et les Chinois un objectif stratégique. Les programmes de retour des vols habités vers notre satellite sont pour le moment des initiatives civiles, mais la rivalité croissante entre les deux premières économies mondiales pourrait cependant déboucher sur leur militarisation, dans une logique de guerre froide. Comment réagiraient des bases lunaires habitées appartenant à des nations rivales en cas de conflit sur Terre ? Pour le moment, il s'agit d'un scénario de science-fiction, mais il pourrait déboucher sur des perspectives réelles au cours des vingt prochaines années.

Ces interrogations n'échappent pas aux états-majors des puissances concernées. Aux États-Unis, le président Trump a entériné la création de la *Space Force* le 20 décembre 2019. Trois mois plus tôt, c'est le Commandement de l'espace français qui voyait le jour. Chinois, Russes et Indiens disposent déjà de structures similaires depuis plusieurs années. Ces organes de commandement dédiés à la guerre spatiale devraient se voir attribuer des missions et des budgets de plus en plus importants dans les années qui viennent. Ils seront chargés de gérer les satellites espions, mais aussi les outils plus offensifs qui vont venir étoffer leurs arsenaux.

Vit-on les dernières années de la paix relative qu'a connue l'orbite terrestre depuis le lancement de *Spoutnik* ? Espérons que non. Les nations qui sont rivales dans l'espace possèdent toutes l'arme nucléaire : l'équilibre de la terreur tient donc toujours. Les États-Unis réfléchiraient certainement à deux fois avant de détruire un satellite chinois ou russe, et *vice versa*. Ce sont peut-être les satellites des « petits pays », ceux qui ne disposent pas de moyens de dissuasion suffisants en dehors de l'espace qui pourraient faire les frais de la militarisation spatiale. Et si la baisse des coûts de l'accès à l'espace permet un jour à tout un chacun de placer des armes en orbite, alors les affrontements spatiaux pourraient bel et bien devenir une réalité.

Chapitre 7

VOL HABITÉ : L'HUMANITÉ EN ORBITE ET AU-DELÀ ?

Le vol spatial habité fait rêver. Demandez aux enfants d'une classe de primaire quel métier ils souhaiteraient faire plus tard, et une bonne partie d'entre eux vous répondra « astronaute », « cosmonaute », « spationaute » ou n'importe laquelle des dénominations qui désignent les humains s'aventurant au-delà de l'atmosphère terrestre. L'humanité aime s'imaginer voyageant de planète en planète et d'étoile en étoile, s'affranchissant de la merveilleuse sphère bleue qui lui a donné naissance.

La réalité a cependant vite fait de doucher ces aspirations. Soixante-quatre ans après l'épopée orbitale de Youri Gagarine, le voyage spatial reste très dangereux et complexe. Moins de 600 personnes se sont aventurées au-delà de l'atmosphère et plus de 3 % d'entre elles ont perdu la vie au cours de cette aventure (et c'est sans compter celles qui sont décédées à l'entraînement).

Malgré les progrès techniques et la rigueur paranoïaque des agences spatiales, il reste impossible d'entrer dans un vaisseau orbital l'esprit complètement serein.

LES VOLS HABITÉS EN ORBITE BASSE*

Même en acceptant ces risques, voyager au-delà de l'orbite basse* reste un défi d'une incroyable difficulté. L'aventure *Apollo*, déjà vieille d'un demi-siècle, a mobilisé une bonne partie des finances et des cerveaux de la plus grande économie mondiale pendant plus d'une décennie, pour un retour sur investissement discutable. Certes l'Amérique a marqué à jamais l'imaginaire collectif, mais le voyage lunaire entrepris par les astronautes du programme n'a pas débouché sur l'expansion tant fantasmée de l'humanité dans le Système solaire, bien au contraire. Le programme *Apollo* s'est révélé trop compliqué, trop risqué et surtout trop coûteux. Au cours des décennies suivantes, la NASA et les autres agences spatiales ont donc cantonné leurs activités à l'orbite basse*.

LE VOL HABITÉ EST ÉTRANGEMENT LIÉ À LA POLITIQUE INTERNATIONALE

Les fortes tensions du début de la guerre froide ont été marquées par la course à la Lune. Lors de la période de détente qui a suivi, Soviétiques et Américains ont collaboré le temps de la mission *Apollo-Soyouz*. Au cours des quinze années suivantes, chacun est retourné dans son camp pour préparer des systèmes d'armes spatiales. La fin de la guerre froide a ensuite permis le lancement du programme *Shuttle-Mir*, puis enfin la mise en orbite de la Station spatiale internationale.

Cet héritage est aujourd'hui incarné par la Station spatiale internationale. Depuis presque un quart de siècle, elle représente l'essentiel de l'activité des vols habités de l'humanité. L'orbite basse* est certes moins excitante que des destinations plus lointaines, mais l'ISS a tout de même permis des progrès immenses sur le plan des technologies, des techniques, de la médecine ou des collaborations spatiales.

Depuis novembre 2000, l'ISS est occupée en permanence par des équipages. Américains, Russes, Japonais, Européens, et Canadiens s'y relaient chaque année *via* une poignée de missions. Après la fin du programme de la navette américaine, l'ensemble des vols habités jusqu'à la station a été assuré par les *Soyouz* russes. Les États-Unis viennent seulement de retrouver un moyen d'accès indépendant à l'orbite avec le vaisseau *Crew Dragon* de SpaceX, qui devrait être rapidement rejoint par une deuxième option : celle du *CST-100 Starliner* de Boeing.

Ces vaisseaux assureront la continuité des voyages vers la Station spatiale internationale pendant au moins cinq à dix ans, probablement plus. Mais après deux décennies dédiées à ce projet, les agences spatiales des pays partenaires commencent à se pencher sur de nouvelles options. Le gouvernement américain étudie ainsi la possibilité de privatiser tout ou partie de la station afin d'alléger la part qu'elle représente dans le budget de la NASA. Cette privatisation pourrait prendre plusieurs formes : vente de séjours à bord, location des modules américains à des acteurs privés, voire désengagement complet de la NASA au profit des industriels du pays.

Cet avenir est déjà palpable à travers le projet d'Axiom Space, une jeune start-up texane qui est en train de faire construire des modules privés, lesquels doivent être rattachés à l'ISS dans quelques années. D'ici 2030, l'entreprise espère disposer d'un grand segment, qui pourra alors être détaché de l'ISS pour former une station indépendante desservie par les vaisseaux de SpaceX ou de Boeing. D'autres acteurs comme Bigelow Aerospace pourraient être tentés par des aventures similaires. Du côté américain au moins, l'avenir de l'orbite basse* semble appartenir au secteur privé.

L'autre futur grand acteur de l'orbite basse* n'a jamais collaboré à l'ISS. La Chine a déjà déployé deux stations spatiales pour des durées assez courtes, ce qui lui a permis de maîtriser les rendez-vous orbitaux ou les séjours de moyenne durée en microgravité. Ces acquis vont permettre le déploiement futur d'une grande station constituée de plusieurs modules. L'agence spatiale chinoise pourrait éventuellement accueillir des astronautes d'autres nations à son bord. Il serait alors possible que l'espace reprenne des airs de guerre froide, avec plusieurs stations orbitales accueillant des astronautes de blocs rivaux.

Dans cette perspective, la place de la Russie sera déterminante. Si elle s'est alliée aux plans américains pour la Station spatiale internationale, rien ne dit qu'elle conservera la même direction dans le futur, bien au contraire. Moscou ne semble pas vouloir s'intégrer dans le nouveau programme lunaire des États-Unis. La Russie pourrait être tentée de s'allier aux projets chinois, voire de poursuivre en solo comme à l'époque des stations *Saliout* et *Mir*. Les alliances économiques et militaires joueront sûrement sur le choix final, Roscosmos, l'agence spatiale russe, ayant de plus en plus de mal à boucler ses budgets (ce qui rend la perspective d'une Russie menant un programme de vol habité entièrement en solo peu probable).

Reste à savoir quelle place les autres nations spatiales pourront occuper. L'Europe, le Japon ou le Canada doivent se reposer sur les vaisseaux d'un pays tiers pour envoyer des hommes et femmes en orbite. L'alliance est donc inévitable. Faute d'alternative, les astronautes de ces pays ont emprunté le *Soyouz* russe au cours de ces dix dernières années. L'arrivée des nouveaux vaisseaux américains offre une nouvelle alternative, qui risque fort de séduire les pays traditionnellement plus proches des États-Unis. Quoi qu'il en soit, la destination en orbite basse* restera l'ISS au moins jusqu'en 2030. Au-delà, les agences spatiales des différents pays les plus avancés pourraient constituer des clients parfaits pour les stations privées, avec des offres de vols et de séjours clé en main.

L'orbite basse* devrait enfin être investie par de nouveaux acteurs au cours des vingt prochaines années, notamment l'Inde. L'ISRO*, l'agence spatiale du pays, développe depuis quelques années un vaisseau habité dénommé *Gaganyaan*. Il devrait réaliser son premier vol avec équipage d'ici un ou deux ans. Une petite station spatiale pourrait alors suivre rapidement, ce qui offrirait à New Delhi des capacités de vol habité complètement indépendantes, avec là encore la possibilité de mener des collaborations internationales. En 2040, le vol habité en orbite basse* bénéficiera donc de bien plus de destinations qu'aujourd'hui. En plus de multiples stations déployées par des agences nationales, les premières stations privées devraient avoir fait leur apparition, et peut-être même le ou les premiers hôtels orbitaux !

VA-T-ON BIENTÔT REMARCHER SUR LA LUNE ?

Au-delà de l'orbite terrestre, la Lune est en passe de redevenir le centre de toutes les attentions. Cinquante ans après le premier pas de l'Homme sur notre satellite, les principales agences spatiales et quelques entreprises privées sont persuadées qu'il est temps de revenir fouler la poussière lunaire. On retrouve là encore deux projets concurrents aux États-Unis et en Chine, qui sont en train de réunir des partenaires internationaux.

LES PROJETS AMÉRICAINS

Sous l'impulsion de l'administration Trump, la NASA a lancé le programme *Artemis*. Ce dernier a pour objectif d'emmener des hommes et des femmes à la surface de notre satellite dès 2024. La proposition est extrêmement ambitieuse, d'autant que la NASA ne bénéficie plus des moyens colossaux qu'elle affichait dans les années 1960. L'annonce est donc peut-être uniquement politique.

Les États-Unis disposent cependant déjà d'une partie de l'architecture qui rendrait une telle aventure possible. Le lanceur* *SLS*, en développement depuis de nombreuses années, arrive enfin à maturité. Très puissant, il est capable de propulser un vaisseau habité jusqu'à l'orbite lunaire. Cela tombe bien, car le vaisseau en question existe lui aussi déjà. Il s'appelle *Orion* et est issu du bref programme de retour sur la Lune entrepris par George W. Bush dans les années 2000. Ensemble, la fusée et le vaisseau devraient propulser la première mission habitée au-delà de l'orbite basse* depuis 1972 (*Apollo 17*). Il s'agira de la mission *Artemis 2*, actuellement programmée en août 2023.

Pour atteindre le sol de notre satellite, cette technologie n'est cependant pas suffisante. Il faudra disposer d'un deuxième véhicule permettant d'effectuer le trajet entre l'orbite lunaire et la surface. C'est la mission qui était confiée au *LM*, lors du programme *Apollo*. L'agence spatiale américaine ne dispose pas encore d'un tel engin, mais elle compte sur des entreprises privées américaines pour le développer et le construire en un temps record. Ce projet demande un budget conséquent, qui fait l'objet de passes d'armes politiques entre la Maison-Blanche, qui soutient le projet, et certains de ses opposants. L'avenir d'*Artemis* va beaucoup dépendre des décisions qui seront prises par l'administration de Joe Biden. Le nouveau président américain va vouloir imprimer sa marque dans le programme spatial de son pays. Il n'annulera peut-être pas *Artemis*, mais pourrait revoir ses ambitions.

LES AMBITIONS CHINOISES

L'autre grand acteur qui vise la Lune, la Chine, n'a pas ce genre de problème, puisqu'un parti unique et un président à vie lui permettent d'éviter les remous politiques auxquels est confrontée la NASA.

La Chine doit cependant composer avec un budget moindre que l'agence spatiale américaine, et des talents qui deviennent difficiles à retenir. Les entreprises privées du pays paient en effet leurs ingénieurs jusqu'à dix fois mieux que les entreprises d'État qui sont responsables du programme spatial national. Par ailleurs, si la Chine bénéficie encore d'un coût de main-d'œuvre faible par rapport à l'Occident, c'est une situation qui est en train d'évoluer rapidement.

Le pays espère être en mesure de déposer des taïkonautes à la surface de la Lune autour de 2030, même si l'architecture qui permettra d'y parvenir n'est pas encore complètement définie. Le nouveau vaisseau habité que l'agence spatiale chinoise développe devrait avoir des capacités globalement similaires au *Orion* américain, et il devrait remplir le même rôle : transporter un équipage jusqu'à l'orbite lunaire et le ramener ensuite sur Terre. Il lui faudra toutefois un lanceur* puissant. La fusée la plus puissante dont la Chine dispose actuellement est la *Longue Marche 5*. Elle offre des capacités sensiblement supérieures à celle d'*Ariane 5*, mais cela reste insuffisant pour envisager un voyage lunaire habité.

Le développement d'un lanceur* super-lourd est envisagé avec la *Longue Marche 9*. Il s'agirait d'un équivalent chinois du *Saturn 5* du programme *Apollo*. Elle serait plus puissante encore que le *SLS* américain et permettrait à la CNSA*, l'agence spatiale chinoise, de réaliser un aller-retour habité jusqu'à la Lune en un seul tir, là où l'architecture américaine privilégie l'utilisation de plusieurs lanceurs*.

Enfin, la CNSA* a elle aussi besoin d'un atterrisseur lunaire. Peu d'informations ont été partagées à ce sujet. Il pourrait adopter une forme assez légère, ne permettant dans un premier temps que des séjours de quelques heures à la surface de notre satellite.

La Chine pourrait par ailleurs elle aussi assembler une station en orbite lunaire qui supporterait un programme plus ambitieux à long terme.

Il est difficile de ne pas voir une compétition entre les plans lunaires chinois et américains. À la différence de la course à la Lune des années 1960, celle-ci pourrait avoir une portée autre que symbolique si les deux pays installent des bases permanentes à la surface de notre satellite.

QUID DES AUTRES NATIONS ?

Tout comme en orbite basse*, les autres puissances spatiales devraient s'aligner sur ces deux plans lunaires. L'Europe, le Japon et le Canada semblent vouloir apporter leur pierre à *Artemis*, tandis que la Russie pourrait se laisser tenter par une collaboration avec son voisin chinois.

Si un changement de gouvernance, une récession mondiale, ou tout autre événement pourrait venir bouleverser cet élan lunaire, il y a cependant de bonnes chances pour qu'il tienne bon des deux côtés du Pacifique. La politique spatiale chinoise est fermement orientée vers la Lune depuis déjà vingt ans, et laisser la Lune aux Chinois s'avérerait trop difficile à avaler côté américain. C'est donc encore une fois une compétition entre deux superpuissances qui risque de déboucher sur de nouvelles traces de pas dans le régolithe* lunaire.

QUI FOULERA LE SOL MARTIEN ?

Depuis que l'Homme a posé le pied sur la Lune, Mars s'est imposée comme la nouvelle frontière. La planète rouge présente un environnement un peu plus clément que celui de la Lune : les températures y sont moins extrêmes et une très fine atmosphère s'y maintient. Être capable de s'y rendre est cependant un défi bien plus corsé.

Mars fait l'objet d'un effort d'exploration robotique soutenu. En 2020, ce ne sont pas moins de trois missions, issues de trois agences spatiales différentes, qui ont décollé vers notre voisine. Le bilan de soixante années d'exploration martienne reste cependant mitigé. Seule la NASA est parvenue à y poser des atterrisseurs et des rovers* sans les détruire. Russes et Européens s'y sont essayé à de nombreuses reprises, sans succès. La Chine devrait quant à elle réaliser sa première tentative début 2021.

Y ALLER C'EST BIEN, EN REVENIR, C'EST MIEUX !

Tous ces acteurs sont encore bien loin d'envisager le vol habité car il reste de nombreux défis techniques à résoudre. Aucun des robots qui ont atteint la surface de Mars n'en est en effet revenu, ce qui signifie que personne ne maîtrise le trajet retour vers la Terre. Une perspective peu réjouissante pour d'éventuels candidats au voyage !

Cela pourrait cependant changer au cours des dix prochaines années, puisque deux missions de retour d'échantillons martiens sont à l'étude. Vous l'aurez deviné, on retrouve d'un côté les Américains et les Européens, et de l'autre les Chinois. Le premier volet de la mission occidentale a déjà décollé : il s'agit du rover* *Perseverance*, qui a peut-être déjà atteint la surface martienne à l'heure où vous lisez ces lignes. Il doit collecter des échantillons et les stocker. D'ici quelques années, un autre rover* ira les récupérer pour les amener jusqu'au premier site de lancement martien, d'où une petite fusée les amènera en orbite pour ensuite les transférer dans un vaisseau de retour vers la Terre.

Côté chinois, l'immense lanceur* qui doit supporter le programme lunaire habité pourrait se charger de réaliser toutes ces étapes en un seul tir. Les deux projets comptent parvenir à leur fin au tournant des années 2030, qui devraient marquer une étape importante vers le voyage martien habité. Plusieurs acteurs seront en effet sans doute capables d'effectuer des allers-retours vers la planète rouge.

DE LA POSSIBILITÉ D'EXPLOITER LES RESSOURCES LOCALES

Envoyer des hommes nécessitera toutefois un effort bien plus important. Avec les moyens de propulsion actuels, le voyage martien est long : six à huit mois selon la position respective des deux planètes. Cette durée implique de disposer d'un vaisseau immense, capable de produire ou de recycler une partie au moins de sa nourriture, de son oxygène et de son carburant !

Il est donc impossible de commencer à envisager une telle aventure sans un lanceur* ultrapuissant et certaines capacités de production à la surface martienne. Ces perspectives sont aujourd'hui lointaines, mais on commence cependant à en voir les balbutiements.

Le rover* *Perseverance* de la NASA embarque avec lui une expérience dénommée MOXIE. Elle doit démontrer qu'il est possible de produire du dioxygène à partir du CO_2 martien et d'un peu d'électricité. De la même façon, il devrait être possible de produire soit de l'hydrogène soit du méthane grâce aux ressources trouvées sur la planète rouge. Avec les infrastructures nécessaires, il serait donc envisageable de « faire le plein » d'une fusée sur place, ce qui diminuerait la masse au décollage de la Terre et faciliterait grandement un voyage habité.

LES AMBITIONS DE SPACEX

C'est la piste explorée par SpaceX, qui est à peu près le seul acteur à démontrer une réelle volonté de réaliser rapidement un vol habité martien. Au-delà des effets d'annonce, l'entreprise a démarré la conception d'un vaisseau géant, pensé pour pouvoir transporter jusqu'à 100 personnes vers Mars et capable de se ravitailler sur place : le *Starship*. Une série de prototypes ont été construits et testés depuis 2019. À condition de disposer de financements suffisants, l'entreprise SpaceX pourrait d'abord intégrer son vaisseau au programme lunaire de la NASA, avant de se lancer seule, ou dans le cadre d'un programme national, vers Mars.

C'est probablement la seule hypothèse qui pourrait déboucher vers un voyage martien rapide, avant 2040. De son côté, la NASA avance régulièrement des dates concernant le premier pas de l'Homme sur la planète rouge. La dernière estimation nous fait attendre jusqu'en 2033. Il est cependant difficile d'apporter le moindre crédit à cet objectif en l'absence d'une amorce de programme de vol habité martien.

Il reste à déterminer si une entreprise privée, devenue certes une géante de l'industrie, est capable de réaliser seule une telle prouesse. SpaceX reconnaît avoir besoin d'une source de financement considérable pour atteindre son objectif. L'entreprise ne souhaite en effet pas s'arrêter à un unique voyage martien, mais le voit plutôt comme une étape vers la colonisation de notre voisine rouge. Cette source de financement pourrait provenir de Starlink, la gigantesque constellation* d'Internet par satellite que l'on a évoquée dans les chapitres précédents. Si elle parvenait à capter une fraction significative du marché mondial de l'accès à Internet, elle pourrait rapidement générer un profit très important, et comme Starlink appartient à SpaceX, ce profit pourrait être facilement réinvesti dans le projet martien qui obnubile le célèbre fondateur de l'entreprise.

Un énorme lanceur* et beaucoup d'argent ne résoudront pas pour autant toutes les difficultés inhérentes au voyage martien. Comment protéger l'équipage des radiations, le nourrir et maintenir son moral pendant les années que durerait une véritable mission martienne ? Qui accepterait de se lancer dans une telle aventure ? Au-delà de la science, quels bénéfices l'humanité tirerait-elle d'une installation massive sur un autre astre que la Terre ?

Il y a peu de chances pour que ces questions soient élucidées avant 2040. Sur le plan du vol habité, la Lune devrait donc rester au centre des préoccupations pour les dix à vingt prochaines années, surtout si les plans d'exploration se doublent d'une rivalité sino-américaine. À moins d'un véritable tour de force de la part de SpaceX, Mars représente une échéance plus lointaine. La planète rouge risque de rester un objet de fascination pendant encore quelques décennies, voire peut-être à jamais. Il n'est en effet pas dit que le retour scientifique ou même médiatique d'une telle aventure en vaille un jour la chandelle. En attendant, on peut se consoler en se rappelant que des missions de retour d'échantillons en provenance de la planète rouge devraient, elles, bel et bien avoir lieu dans l'intervalle de temps qui nous intéresse.

Chapitre 8

ET L'EUROPE DANS TOUT ÇA ?

Vous l'aurez remarqué dans les chapitres précédents, les États-Unis et la Chine se posent en leaders de nombreux projets spatiaux. Cela ne signifie pas pour autant qu'ils soient les seuls acteurs qui comptent. L'Inde est en train de poser les premières briques de son propre projet de vol habité, le Japon lance régulièrement des missions d'envergure (l'agence spatiale japonaise devrait d'ailleurs être la première à récupérer des échantillons « martiens », elle a prévu une mission à destination de la lune martienne Phobos pour 2024), et de nouveaux acteurs comme la Corée du Sud ou les Émirats arabes unis comptent apporter leur pierre à l'édifice de l'exploration spatiale dans les mois ou les années qui viennent.

Au milieu de ce paysage changeant, l'Europe reste un pilier des activités spatiales, tant sur le plan scientifique que commercial. L'Agence spatiale européenne, l'ESA*, a fait le choix au début des années 1990 de renoncer à développer des capacités indépendantes de vol habité. Un projet de petite navette spatiale*, dénommée *Hermès*, avait pourtant été imaginé en parallèle d'*Ariane 5*. Elle n'a cependant pas survécu à d'importants dépassements budgétaires. Cela signifie que pour l'accès à des stations spatiales ou à la Lune et au-delà, le continent doit se reposer sur des collaborations internationales.

L'Europe n'est toutefois pas complètement inactive dans le domaine du vol habité. L'ESA* a fourni un module pressurisé et deux nœuds de jonction de la Station spatiale internationale. De même, une série de grands vaisseaux cargo, les ATV, ont servi à réapprovisionner la station entre 2008 et 2014.

Si on regarde vers l'avenir, l'Europe devra peut-être faire des choix dans ses collaborations. Pour le moment, elle participe à presque tous les grands programmes de la NASA : les principaux instruments de l'atterrisseur martien *InSight* ont été fournis par la France et l'Allemagne ; le module de service du vaisseau *Orion*, celui qui doit participer au retour d'humains sur la Lune, est financé par l'ESA* et construit par Airbus Defense and Space ; l'Agence spatiale européenne va fournir la moitié de l'architecture qui permettra de rapporter des échantillons martiens en collaboration avec les États-Unis, à la fin de la décennie ; une collaboration transatlantique pour une mission d'exploration d'Uranus ou de Neptune est aussi sérieusement envisagée. La NASA et l'ESA* s'entendent à merveille, mais l'Europe peut aussi s'ouvrir à d'autres possibilités.

LES COLLABORATIONS LUNAIRES

L'agence spatiale américaine a interdiction formelle de collaborer avec la Chine depuis 2011. L'ESA* et les agences spatiales individuelles des pays européens ont quant à elles commencé à regarder vers l'est. En 2018, le CNES, le centre spatial français, et l'agence spatiale chinoise ont lancé CFOSAT, un satellite commun d'océanographie. L'ESA* a par ailleurs mobilisé ses stations de suivi pour certaines des missions lunaires chinoises du programme *Chang'e*. La participation aux futures missions lunaires chinoises pourrait par ailleurs être plus importante. L'Europe pourrait ainsi participer à l'analyse des échantillons qui seront rapportés par *Chang'e 5*, et intégrer des instruments scientifiques sur *Chang'e 6, 7* et *8*. Est-il alors possible d'envisager qu'un jour des astronautes européens séjournent dans une station chinoise ?

Cela suggérerait un rapprochement assez franc, peut-être de nature à vexer l'allié américain. Si la compétition économique, diplomatique, militaire et spatiale s'envenime entre Pékin et Washington, les Européens auront peut-être à choisir un camp.

Les dirigeants de l'ESA* semblent vouloir à tout prix éviter une telle situation. Depuis 2015, l'organisation européenne soutient l'initiative *Moon Village* : plus qu'un véritable plan d'exploration lunaire, c'est avant tout un appel à collaborer pour tous les acteurs s'intéressant à la Lune. Puisque Américains et Chinois ne veulent pas se parler, l'Europe pourrait ainsi se présenter comme le pont entre les deux puissances, permettant d'envisager un certain niveau d'intégration des uns et des autres dans les plans lunaires. Il serait par exemple possible d'imaginer partager des infrastructures, des vaisseaux cargos, ou installer des bases habitées à proximité les unes des autres, pour pouvoir se porter mutuellement secours en cas d'incident grave.

Pour le moment, le *Moon Village* reste cependant un vœu pieux. Américains et Chinois ont vaguement reconnu l'intérêt de la démarche, sans pour autant chercher à la concrétiser. L'Europe essaie donc de s'intégrer dans les programmes lunaires des deux camps avec des contributions plus ou moins fortes. Côté américain, en plus des modules de service des vaisseaux *Orion*, l'ESA* va fournir deux modules à la *LOP-G*, la station spatiale que la NASA veut assembler en orbite lunaire. Leur construction a déjà démarré et ils seront lancés d'ici quelques années. Un atterrisseur lunaire qui porte le nom d'*EL3* est aussi en train d'être développé. Il permettra de poser jusqu'à 1 tonne et demie à la surface de notre satellite.

Au-delà des projets lunaires américains et chinois, l'ESA* cherche aussi à collaborer avec Roscosmos, l'agence spatiale russe. Les deux organisations travaillent ainsi sur la mission *Luna 27* depuis 2016 : il s'agit d'un atterrisseur qui doit prospecter les ressources du pôle Sud lunaire, afin d'analyser leur potentiel d'utilisation. L'Europe doit fournir un système d'alunissage ainsi qu'une foreuse et quelques instruments scientifiques. Le lancement n'est cependant pas prévu avant 2025.

Toujours sur le plan des collaborations lunaires, l'Europe cherche aussi à construire des partenariats avec le Japon et le Canada pour mener conjointement une mission très ambitieuse. Toujours en discussion, celle-ci pourrait prendre la forme d'un retour d'échantillons qui s'appuierait sur la station orbitale du programme *Artemis*.

DE NOUVEAUX LANCEURS*

En dehors de la Lune et des collaborations internationales, l'Agence spatiale européenne compte mettre à contribution un budget en hausse pour porter un certain nombre de projets. En premier lieu une évolution dans la gamme des lanceurs* exploités par Arianespace. Si ces derniers sont commercialisés par une entreprise privée, leur développement est financé par les États européens. À partir de 2022, la famille *Ariane* va évoluer avec l'arrivée d'*Ariane 6*, un nouveau lanceur* lourd qui arrive dans un contexte de concurrence internationale accrue. Avec *Ariane 4* et *Ariane 5*, l'Europe a su créer un service de commercialisation de lancement très prospère. L'arrivée de nouveaux acteurs liés au *New Space** américain et chinois menace cependant celui-ci. C'est pourquoi *Ariane 6* a en partie été conçue pour répondre à la baisse des prix générale que connaît le secteur. En réorganisant tout son outil de production et en ayant recours à des procédés innovants tels que la fabrication additive, l'industrie spatiale européenne compte faire d'*Ariane 6* une fusée bien moins onéreuse que ses grandes sœurs. Elle doit aussi être plus polyvalente, grâce à une architecture modulaire et à un second étage réallumable.

Ces caractéristiques devraient notamment en faire un lanceur* idéal pour soutenir les ambitions spatiales européennes des deux prochaines décennies, que ce soit pour le lancement de mégaconstellations* ou la propulsion de sondes dans le Système solaire. Aux côtés d'*Ariane 6*, *Vega*, le lanceur* léger exploité par Arianespace, va lui aussi évoluer. Une nouvelle version, plus puissante, entrera très prochainement en service : *Vega C*. Elle supportera le marché des SmallSats ainsi que les lancements des navettes automatiques *Space Rider*. Ce véhicule, principalement développé en Italie, devrait entrer en service d'ici un à deux ans. Il s'agit d'un petit avion spatial fonctionnant sans équipage, qui offrira pour la première fois dans l'histoire spatiale européenne une capacité de retour d'orbite. L'Europe devrait par ailleurs continuer à exploiter le lanceur* russe *Soyouz* depuis le centre spatial guyanais à Kourou.

DANS LA COURSE À LA BAISSE DES COÛTS

Ariane 6, *Vega C* et *Soyouz* devraient assurer l'essentiel des lancements européens dans les années qui viennent. Mais si on se projette un peu plus loin, on discerne l'esquisse d'un changement dans la stratégie des partenaires de l'ESA*. Nous avons vu que le coût du kilo en orbite s'annonce comme une des variables clé qui va déterminer le succès des lanceurs* au cours des années 2020 et 2030. Nous savons que SpaceX a fait de la réutilisation son fer de lance pour parvenir à casser les prix, et que bien d'autres acteurs comptent lui emboîter le pas. L'Europe développe doucement une stratégie qui devrait l'emmener dans une direction similaire.

Plusieurs programmes ont été lancés par l'ESA* ou les pays européens afin d'acquérir les technologies et les compétences nécessaires à la récupération et à la réutilisation d'étages de fusées. La France, l'Allemagne et le Japon ont ainsi uni leurs forces pour développer un démonstrateur dénommé *Callisto*. Il s'agit d'une petite fusée atmosphérique haute de 13 mètres environ. À partir de 2023, elle doit mener des vols jusqu'à plusieurs dizaines de kilomètres d'altitude avant de revenir se poser à la verticale. *Callisto* devrait permettre aux pays européens de maîtriser les étapes cruciales du guidage d'un lanceur* en chute libre, du rallumage de son moteur et de son atterrissage en douceur.

En parallèle de ce projet, l'ESA* finance le développement d'un tout nouveau moteur très polyvalent et fonctionnant au méthane : Prometheus. Pensé pour être simple à produire et bon marché, il devrait en outre être capable de propulser des étages réutilisables. Une fois son développement terminé, il sera intégré dans un autre démonstrateur dénommé *Themis*. Ce dernier reprendra les technologies développées grâce à *Callisto*, tout en mettant la puissance de Prometheus à contribution. Il s'agit certainement de l'ultime étape avant que l'ESA* et ArianeGroup décident de proposer un véritable lanceur* orbital réutilisable. Celui-ci pourrait prendre plusieurs formes : un lanceur* léger, une évolution d'*Ariane 6* ou bien un tout nouvel entrant dans la famille (le nom d'*Ariane Next* circule déjà depuis quelques années). Ceci dit, il n'arrivera probablement pas avant la fin de la décennie, ce qui l'obligera à se positionner dans le contexte d'une compétition déjà bien établie, aussi bien du côté américain que du côté chinois.

Ces lanceurs* auront, entre autres, la charge de propulser les satellites et les sondes de l'ESA*, ainsi que les charges utiles nationales des pays européens (et notamment les satellites militaires). Pour les vingt prochaines années, l'Agence spatiale européenne a déjà un programme très chargé. Elle devrait être particulièrement active dans le domaine de l'observation de la Terre, à travers le programme *Copernicus*. Ce projet est piloté par la Commission européenne et s'appuie sur une suite de satellites dénommés *Sentinel*, ainsi que sur des missions annexes. Elles permettent un suivi détaillé de l'atmosphère, des océans, de la végétation ou des calottes polaires. Grâce à un budget en hausse, 11 nouvelles missions liées au programme vont être développées. Elles aideront à améliorer le suivi du changement climatique, et feront progresser notre compréhension des phénomènes incroyablement complexes qui animent l'atmosphère, les terres et les océans.

L'Agence spatiale européenne devrait par ailleurs continuer le déploiement de la constellation* *Galileo*. Cet équivalent du GPS américain devrait regrouper une trentaine de satellites à l'horizon 2022. Ils assurent une indépendance stratégique à l'Europe pour ses besoins de positionnement et de navigation, tout en offrant une précision inégalée.

Enfin, l'Europe alloue une partie importante de son budget spatial à l'exploration du Système solaire et à diverses missions scientifiques. Ce qui va se traduire par un grand nombre de missions au cours des vingt prochaines années. C'est un sujet que l'on va détailler dans les chapitres qui suivent. On peut tout de même rapidement énumérer un rover* martien, un orbiteur jovien, une mission d'interception de comètes ou d'objets interstellaires, un survol d'astéroïde lié à la défense planétaire, plusieurs télescopes spatiaux dédiés aux exoplanètes, à la matière noire et à l'énergie noire, un gigantesque interféromètre laser capable de détecter des ondes gravitationnelles, ou encore un observatoire en rayons X. Et il ne faut bien sûr pas oublier toutes les missions lunaires dont on a parlé au début de ce chapitre, et toutes les collaborations avec d'autres agences spatiales. C'est par exemple une fusée *Ariane 5* qui lancera *James Webb*, le futur grand télescope de la NASA. Par ailleurs, les universités et laboratoires européens placent des instruments scientifiques sur presque toutes les sondes qui quittent l'orbite terrestre, qu'elles soient américaines, chinoises ou indiennes. L'ESA*, et les agences spatiales nationales des pays européens vont donc rester des acteurs importants au cours des deux prochaines décennies.

LE *NEW SPACE** EUROPÉEN

Mais il n'y a pas que le secteur public qui est actif sur le Vieux Continent. Comme aux États-Unis et en Chine, le *New Space** a aussi su trouver des représentants en Europe. Le Royaume-Uni, le Portugal ou le Luxembourg ont ainsi assoupli leur réglementation pour permettre aux entreprises spatiales de prendre leur envol. Et même si l'investissement privé dans le spatial européen reste encore en deçà de ce qui se fait en Amérique ou en Chine, il connaît tout de même une accélération notable.

À moyen terme, cette évolution devrait se traduire par l'arrivée de nouvelles entreprises de lancement orbital aux côtés d'Arianespace. Elles semblent pour le moment vouloir se positionner sur le marché des microlanceurs, destinés aux satellites miniaturisés qu'on a évoqués dans les chapitres précédents. En Espagne, les entreprises PLD Space et Zero2Infinity sont actives depuis déjà une dizaine d'années. Elles travaillent sur de tout petits lanceurs* capables de placer entre 75 et 500 kilogrammes en orbite basse*. Il faudra probablement attendre le milieu de la décennie avant que leurs fusées soient opérationnelles.

Au Royaume-Uni, l'entreprise Orbex a déjà levé près de 40 millions de dollars pour développer *Prime*, un lanceur* léger pensé pour être partiellement réutilisable. En Allemagne, c'est la toute jeune start-up Isar Aerospace qui se voit déjà comme le prochain SpaceX. Elle espère pouvoir rendre sa fusée, dénommée *Spectrum*, opérationnelle dès 2021. En France enfin, Venture Orbital Systems et Hybrid Propulsion for Space sont dans des phases préliminaires de conception de leurs lanceurs*.

Ces entreprises sont en compétition, et il est probable qu'elles ne survivront pas toutes aux vingt prochaines années. Il est en revanche fort possible qu'au moins une d'entre elles finisse par se faire une véritable place aux côtés d'Arianespace. Il sera intéressant de voir si un autre lanceur* lourd pourra émerger sur le continent européen, aux côtés d'*Ariane 6*. Cela demanderait cependant des investissements très importants, et une telle initiative se verrait par ailleurs sans doute opposer une résistance certaine, au moins de la part de la France.

Pour accompagner tous ces nouveaux entrants, l'Europe pourrait aménager de nouveaux spatioports. Aujourd'hui, Arianespace opère depuis Kourou en Guyane française, et par le biais d'un accord avec Roscosmos, l'agence spatiale russe, l'entreprise vend aussi quelques tirs de *Soyouz* depuis le cosmodrome de Baïkonour au Kazakhstan. Le centre spatial guyanais pourrait éventuellement faire de la place pour un microlanceur, à condition de tomber d'accord avec le CNES. Les entreprises européennes qui développent de nouvelles fusées dans un cadre privé auront cependant l'embarras du choix.

Le Royaume-Uni prévoit d'ouvrir un spatioport sur la péninsule d'A' Mhòine, en Écosse, fin 2021. Il devrait supporter les activités d'Orbex, mais pourrait aussi s'ouvrir à d'autres acteurs. Le gouvernement portugais, pour sa part, travaille à l'établissement d'un centre de lancement aux Açores. Ce dernier suscite l'intérêt, non seulement des entreprises européennes, mais aussi des Américains et des Russes. Ces deux initiatives pourraient être suivies d'autres, si bien que d'ici une dizaine d'années, les fusées conçues et fabriquées en Europe pourraient décoller des quatre coins du monde.

Ce nouvel écosystème privé devra faire face à une très rude concurrence internationale. La commande publique, de la part de l'ESA* ou des gouvernements européens, s'annonce cruciale pour supporter ces initiatives. De gros investissements, comme ceux qui ont été faits aux États-Unis et en Chine, seront éventuellement nécessaires.

L'ÉPOPÉE ONEWEB

OneWeb est une mégaconstellation* de satellites dédiée à Internet. Elle compte proposer rapidement un service similaire à celui de SpaceX avec la constellation Starlink. Elle a bénéficié d'investissements très importants de la part de la société japonaise SoftBank (environ 3 milliards de dollars), avant de faire faillite début 2020. OneWeb a cependant rapidement trouvé repreneur. Le gouvernement britannique s'est associé à un opérateur de télécom indien pour relancer la machine. D'ici quelques années OneWeb devrait opérer la constellation* de satellites européenne la plus importante, mais elle ne sera pas seule dans ce domaine.

De nombreux acteurs privés comptent profiter du format CubeSat pour lancer des dizaines ou des centaines de satellites destinés à soutenir des services commerciaux. L'entreprise française Kinéis a ainsi levé 100 millions d'euros, ce qui lui permettra de mettre en orbite 25 satellites à partir de 2022, qui seront dédiés à l'Internet des objets. Ce type d'initiative pourrait se multiplier en Europe au cours des vingt prochaines années. Les start-up du Vieux Continent devront toutefois s'accommoder de financements peut-être un peu plus difficiles à sécuriser que leurs concurrentes américaines et chinoises. Ce qui laisse encore une fois craindre que l'Europe se trouve dans une position désavantageuse d'ici une ou deux décennies. Les pays européens n'ont pas réussi à donner naissance à des géants mondiaux du Web, il faut donc espérer que certaines leçons ont été tirées et que les nouvelles applications spatiales déboucheront sur de meilleures perspectives.

Les vingt prochaines années s'annoncent donc cruciales pour le spatial européen. Ce qui se passe en orbite risque d'avoir un impact important sur la souveraineté et l'économie des pays d'Europe, et certains d'entre eux semblent en avoir pris la mesure plus que d'autres. Il est difficile de prédire aujourd'hui à quoi ressemblera le paysage du spatial privé européen en 2040, c'est pourquoi dans les chapitres qui suivent, nous détaillerons les projets institutionnels, européens ou autres, qui visent à explorer le Système solaire.

Chapitre 9

EXPLORER LE SYSTÈME SOLAIRE (ET AU-DELÀ ?)

L'exploration du Système solaire est une des tâches les plus difficiles et les plus passionnantes qu'a entrepris l'espèce humaine au cours de son histoire. Dans ce domaine, les distances en jeu et les contraintes environnementales poussent les hommes et les machines dans leurs derniers retranchements. Et pourtant, en un peu plus de soixante ans, diverses missions sont parvenues à atteindre la Lune, puis Vénus et Mars, Jupiter, Saturne, Uranus, Neptune et même Pluton en 2015. Les progrès techniques, l'émergence économique de certains pays et des questions scientifiques passionnantes vont pousser à l'accélération de ces efforts au cours des vingt prochaines années. Comme le sujet est très vaste, nous allons l'aborder sous la forme d'une progression dans le Système solaire, en partant de l'objet le plus proche du Soleil, Mercure, jusqu'à nous aventurer dans la ceinture de Kuiper et peut-être même au-delà…

MERCURE : SI PROCHE ET POURTANT SI LOINTAINE

Mercure est la planète la plus proche de la Terre. Ce n'est pas une donnée évidente si on se fie à une représentation fixe du Système solaire montrant toutes les planètes du même côté du Soleil. Pourtant, si on fait la moyenne des distances qui séparent les différentes planètes sur l'ensemble de leur orbite, alors non seulement Mercure est la plus proche de la Terre, mais elle est aussi la plus proche de toutes les autres planètes du système. Oui, la mécanique orbitale est une science étrange. Cette caractéristique est due à la position de Mercure, toute proche de notre étoile. La Terre et Vénus peuvent se trouver très proches l'une de l'autre lorsque leur orbite les amène à se côtoyer, mais elles peuvent aussi se retrouver à des distances extrêmes, à l'opposé l'une de l'autre par rapport au Soleil. Comme Mercure reste toujours proche du Soleil, elle n'est jamais très près… mais jamais très loin.

ACCESSIBLE MAIS DÉLAISSÉE ?

Pourtant, malgré cette proximité, Mercure est la moins bien explorée des quatre planètes du Système solaire interne (qui comprend Mercure, Vénus, la Terre et Mars). En soixante ans de vol interplanétaire, seules deux sondes lui ont rendu visite : *Mariner 10* au milieu des années 1970, et *MESSENGER* entre 2011 et 2015. Cette dernière a mis six ans et demi à faire le voyage entre la Terre et sa cible. Quand on sait qu'un voyage martien dure entre six et huit mois, on comprend que la proximité de Mercure est en fait très relative. Pour ajouter à la confusion, la première des deux sondes à avoir approché Mercure, *Mariner 10*, n'a eu besoin quant à elle que d'un peu moins de cinq mois pour réaliser son premier survol. Encore une fois, la mécanique orbitale est une science étrange. Cette disparité dans les temps de voyage est due au fait que *Mariner 10* a simplement survolé sa cible, tandis que *MESSENGER* s'est mise en orbite autour d'elle. Or, pour entrer en orbite autour d'un astre, il faut que la vitesse relative d'un vaisseau soit assez faible pour qu'il se fasse capturer par le champ gravitationnel de ce dernier. Et lorsqu'on vient de la Terre, adapter sa vitesse à celle de Mercure, c'est difficile, très difficile. Il faut dépenser beaucoup d'énergie, donc brûler beaucoup de carburant, et comme nous l'avons expliqué dans les premiers chapitres de ce livre, chaque kilogramme envoyé dans l'espace coûte encore très cher. Les agences spatiales préfèrent donc recourir à des manœuvres d'assistance gravitationnelle. Ces dernières exploitent le survol d'astres massifs pour modifier la vitesse d'une sonde sans mettre à feu ses propulseurs. Ces manœuvres impliquent des trajectoires alambiquées et des temps de trajet très longs, mais qui évitent en contrepartie d'avoir recours à un mégalanceur* pour tirer la sonde.

Il faut ajouter à cela le fait que Mercure passionne moins que Mars, Vénus ou les lunes de Jupiter et de Saturne. Elle est en effet à peine plus grande que la Lune, elle possède une atmosphère extrêmement fine et son champ magnétique équivaut à 1 % de celui de la Terre. Du fait de sa grande proximité avec le Soleil et de sa très lente rotation, la petite planète est exposée à des températures extrêmes. De -173 °C au milieu à de la nuit (qui dure quatre-vingt-huit jours terrestres) à +427 °C lorsque le Soleil est au-dessus de l'horizon (pour une durée tout aussi longue). Sa surface est donc un milieu très hostile qui donnerait bien du fil à retordre à un atterrisseur.

BEAUCOUP DE QUESTIONS SANS RÉPONSES

Pourtant, la petite première du Système solaire ne manque pas d'intérêt. La mission *MESSENGER* a ainsi découvert qu'elle cache des réserves de glace d'eau dans les cratères qui constellent ses pôles et qui ne sont jamais exposés à la lumière. Les résultats de la sonde américaine soulèvent par ailleurs beaucoup d'interrogations sur sa composition chimique et sur la structure de son noyau. Pourquoi sa surface est-elle si riche en soufre ? Et pourquoi est-elle si pauvre en fer alors qu'il s'agit du constituant principal de la planète ? D'où lui vient sa très fine atmosphère et quel mécanisme maintient son faible champ magnétique en activité ? Ces questions sont intimement liées à l'histoire de la formation du Système solaire. Elles ont donc une portée qui dépasse l'horizon de la petite planète.

C'est pourquoi une nouvelle mission est déjà en route vers Mercure. Elle se nomme *BepiColombo* et est le fruit d'une collaboration entre les agences spatiales européenne et japonaise. *BepiColombo* est constituée de deux orbiteurs, ce qui suggère comme pour *MESSENGER* un temps de voyage très long. La mission doit notamment réaliser de nombreuses manœuvres d'assistance gravitationnelle autour de la Terre, de Vénus et de Mercure pour finalement adapter suffisamment sa vitesse et réaliser sa mise en orbite. Celle-ci n'interviendra que fin 2025, sept ans après le décollage de la mission. Les deux sondes européenne et japonaise sont très bien équipées pour scruter leur objet d'étude, et leur mission sur place devrait durer au moins un an.

Les découvertes de la mission *BepiColombo* seront très importantes pour la suite du programme d'exploration de Mercure. Actuellement, aucune autre mission n'est prévue à destination de la petite planète. Russes et Américains étudient cependant la possibilité de concevoir un atterrisseur capable de survivre aux conditions extrêmes de la surface. Si une telle mission a lieu, ce ne sera pas avant les années 2030. Il se pourrait aussi que les découvertes de la mission euro-japonaise suscitent suffisamment d'intérêt pour donner naissance à des initiatives plus rapides et nombreuses. C'est un peu ce qui est en train de se passer pour notre deuxième sujet d'étude.

VÉNUS : LE RETOUR DE LA STAR OUBLIÉE

Si dans la théorie, Mercure est la planète la plus proche de la Terre, dans la pratique, ce serait plutôt Vénus. En effet, tous les dix-neuf mois environ, la planète blanche et la planète bleue se rapprochent, ce qui offre ce qu'on appelle une fenêtre de tir. Au cours de cette période, il devient en effet possible de faire le voyage entre les deux planètes avec une durée de vol et une dépense énergétique minimales. Un vaisseau peut en effet espérer s'insérer en orbite autour de l'étoile du Berger un peu plus de quatre mois après son départ. Cela peut paraître long, mais à l'échelle des distances qui nous séparent des autres objets du Système solaire, c'est très court.

Du fait de cette position avantageuse, Vénus a été l'objet d'un effort d'exploration conséquent au début de l'ère spatiale. Cet effort est essentiellement à mettre au compte de l'URSS, qui a envoyé plusieurs dizaines de sondes vers la planète entre le début des années 1960 et le milieu des années 1980. Outre des missions de survol et des orbiteurs, certaines d'entre elles se sont aventurées dans l'atmosphère et même jusqu'à la surface de Vénus. Américains, Européens et Japonais ont aussi contribué à l'exploration de notre voisine. À l'heure où nous écrivons ces lignes (septembre 2020) seule la sonde *Akatsuki* de l'agence spatiale japonaise y est encore active.

DES DÉCOUVERTES INTRIGANTES...

Malgré sa position avantageuse, Vénus est donc moins bien desservie que Mars. Mais c'est une situation qui pourrait être amenée à changer très rapidement. Ces dernières années, l'étoile du Berger a en effet fait l'objet de découvertes intrigantes. La surface de Vénus est couverte de volcans, qu'on a longtemps considérés comme éteints. En 2020, une étude de l'université du Maryland a cependant mis en évidence des signes d'activité pour 37 d'entre eux. La surface de Vénus est mal connue : elle a été sondée par radar, mais il est très difficile d'y faire survivre un atterrisseur, car la température et la pression atmosphérique très élevées ont rapidement raison de tous les systèmes électroniques qui parviennent jusqu'à la surface. Pour le moment, le record de longévité est détenu par la sonde soviétique *Venera 13*, avec un peu plus de deux heures en opération à la surface.

S'il est très difficile d'explorer la surface de Vénus, son atmosphère peut se montrer beaucoup plus clémente. À une cinquantaine de kilomètres d'altitude, on y trouve en effet une pression atmosphérique similaire à celle de surface de la Terre, et une température avoisinant 30 °C. Si on oublie les nuages d'acide sulfurique et les vents soufflant à 300 kilomètres à l'heure, on pourrait presque s'y sentir à l'aise. C'est justement cette couche nuageuse qui intrigue de plus en plus les planétologues. Il y a près d'un siècle, on a découvert qu'elle semble absorber une partie du rayonnement ultraviolet. Ce phénomène pourrait avoir plusieurs explications. Il pourrait être dû à la présence d'un composé chimique du soufre, mais aussi à la présence de micro-organismes. Cette perspective a été renforcée en 2020 par la potentielle détection par des observatoires terrestres, d'un composé chimique très particulier : la phosphine. Cette observation reste à confirmer et fera certainement l'objet de nouvelles études dans les mois et les années à venir.

QUI DIT PHOSPHINE DIT VIE ?

La phosphine est considérée par certains planétologues comme un marqueur biologique. Ils estiment que sa présence a de fortes chances d'être liée à la vie. Sur une planète tellurique (c'est-à-dire rocheuse comme la Terre), elle serait en effet difficile à expliquer autrement. Difficile ne veut cependant pas dire impossible. La présence de phosphine sur Vénus pourrait s'expliquer par une erreur de mesure, ou par un processus chimique encore incompris.

À ces découvertes récentes, il faut ajouter de grosses interrogations sur le passé de Vénus. C'est une planète qui est très similaire à la Terre, et certains se demandent si, dans un passé pas si reculé, elle n'a pas accueilli des mers et des océans. Il semble qu'elle ait été victime d'un emballement de son effet de serre, jusqu'à devenir l'enfer étouffant qu'elle est aujourd'hui (son atmosphère extrêmement dense fait monter les températures jusqu'à 470 °C à la surface). Comprendre Vénus, c'est donc aussi mieux comprendre les effets que peut avoir un excès de dioxyde de carbone dans l'atmosphère de la Terre. Nous voilà prévenus.

LA MULTIPLICATION DES PROGRAMMES

Tous ces éléments poussent de plus en plus d'agences spatiales, et même de sociétés privées, à vouloir relancer l'exploration de l'étoile du Berger. Le volcanisme, l'atmosphère, des océans disparus et peut-être même la vie... voilà de quoi motiver un effort de recherche. *Akatsuki* ne devrait donc pas rester seule bien longtemps autour de Vénus.

L'agence spatiale russe souhaite ainsi ressusciter le programme *Venera* avec une nouvelle mission, qui pourrait voir le jour dans la deuxième moitié de la décennie, peut-être en collaboration avec la NASA. Elle sera constituée d'un orbiteur et d'un atterrisseur, lequel essaiera de battre le record de survie à la surface. Si un accord est trouvé, l'agence spatiale américaine pourrait adjoindre un ballon atmosphérique à la mission, ce qui permettrait de proposer une architecture complète capable d'étudier Vénus depuis l'orbite, l'atmosphère et la surface.

La NASA réfléchit par ailleurs à deux autres missions, dénommées *Veritas* et *DaVinci+*. L'une est centrée autour d'un orbiteur, tandis que l'autre propose un module de descente capable d'atteindre la surface, en traversant au passage toutes les couches atmosphériques. L'Agence spatiale européenne pourrait éventuellement financer deux autres orbiteurs, qui portent les noms de *EVE* et *Envision*. L'agence spatiale indienne prépare sa première mission vénusienne, et même l'entreprise du *New Space** Rocket Lab compte se lancer dans l'aventure. Au cours des vingt prochaines années, Vénus pourrait ainsi être visitée par une dizaine de missions au moins. Un régime bien différent de celui qu'elle a connu ces deux dernières décennies.

Si le vol habité vers Vénus a déjà été envisagé, il reste cependant peu probable qu'il se concrétise au cours des vingt prochaines années. La surface de notre voisine est très clairement un no man's land, et même si la haute atmosphère est beaucoup plus accueillante, elle pose des défis considérables pour une présence humaine. On peut imaginer un équipage séjournant dans une nacelle suspendue sous un immense ballon atmosphérique, ou même une sorte de dirigeable habitable, mais il faudrait transporter avec soi la fusée nécessaire au retour et toute cette précieuse cargaison serait soumise à de très forts vents qui exposeraient la mission à des risques considérables. Malgré sa facilité d'accès, Vénus et ses mystères vont donc probablement rester l'apanage des robots pendant encore longtemps. Ce qui n'ôte rien à son pouvoir de fascination.

HAVOC : LE DIRIGEABLE VÉNUSIEN DE LA NASA

Pour répondre aux problématiques du vol habité vers Vénus, la NASA a mis au point le concept *HAVOC*. Ce dernier repose sur un dirigeable qui serait déployé à partir d'une petite navette, ayant servi au voyage de l'équipage. Une fois gonflé, l'ensemble flotterait à 50 kilomètres d'altitude et permettrait une mission sur place de trente jours. Le retour sur Terre se ferait grâce à la même navette qui serait restée suspendue sous le dirigeable pendant tout le séjour dans l'atmosphère vénusienne.

LA LUNE : LE BAC À SABLE DE L'HUMANITÉ ?

La Terre et la Lune forment un couple unique dans le Système solaire. En effet, aucune autre planète interne ne possède de satellite massif, et même parmi ceux qu'on trouve en orbite autour des géantes gazeuses, la Lune fait figure de poids lourd. Si bien que le système formé par la Terre et son satellite naturel est parfois considéré comme une planète double.

Pourtant, lorsqu'on les regarde en détail, la Terre et la Lune appartiennent clairement à deux mondes différents. L'un grouille d'activité géologique, est enveloppé d'une atmosphère épaisse et baigne dans un champ magnétique intense, ce qui lui permet d'abriter un des phénomènes les plus curieux de l'Univers : la vie. L'autre est un astre complètement mort qui n'abrite ni tectonique des plaques, ni volcanisme, ni atmosphère, ni réel champ magnétique.

Sur le plan de l'exploration spatiale, la Lune présente toutefois un avantage indéniable : sa proximité. À l'aide des technologies actuelles, il est possible de la rejoindre en trois jours de voyage environ. Notre satellite a donc connu un programme d'exploration intense aux débuts de l'ère spatiale, qui a culminé avec *Apollo*.

Peu après la dernière mission habitée vers la Lune, notre satellite a cependant connu une longue phase de désintérêt. Comme on l'a évoqué tout au long de cet ouvrage, cette dernière est maintenant bel et bien terminée, puisque les programmes spatiaux chinois et américains accordent une place de plus en plus importante à la Lune, avec en ligne de mire la perspective d'une reprise des vols habités.

La Lune s'annonce donc pour les vingt prochaines années comme un objectif majeur d'exploration, aussi bien robotique qu'humaine. La Chine s'est récemment montrée particulièrement active dans l'exploration de notre satellite et devrait continuer sur cette tendance, avec des missions de plus en plus audacieuses.

Les États-Unis sont en train de monter de leur côté un programme de vol habité lunaire à vitesse grand V. L'Europe, le Japon, la Russie, l'Inde, la Corée du Sud, les Émirats arabes unis et une multitude d'entreprises privées prévoient de déployer rovers* et atterrisseurs sur notre satellite dans les dix prochaines années. C'est une véritable fièvre lunaire qui s'est emparée de notre planète.

Jusqu'où celle-ci pourrait-elle nous mener ? Cet élan risque-t-il de retomber d'un coup, comme dans les années 1970 ? Ou assiste-t-on au contraire aux débuts d'une expansion de l'humanité au-delà de son berceau ?

Ce qui est sûr, c'est que vous allez beaucoup entendre parler de la Lune dans les années qui viennent. La perspective d'un vol habité dans moins de vingt ans semble tout à fait réaliste, et on peut peut-être même espérer que cette nouvelle aventure lunaire soit un peu plus poussée que la dernière. En effet, au-delà de la compétition que se livrent à demi-mot les États-Unis et la Chine, la perspective d'une commercialisation des activités lunaires est aussi palpable. Tourisme, exploitation des matières premières, création d'une économie locale… tout reste encore à inventer. Il est cependant très improbable que l'on assiste à l'arrivée massive des entreprises privées sur le sol lunaire au cours des vingt prochaines années. Les quelques sociétés qui parviendront sans encombre jusqu'à notre satellite le feront probablement pour soutenir des agences spatiales nationales, ou éventuellement des armées.

Sur le plan scientifique, la Lune représente cependant un objectif moins excitant que Vénus ou Mars. Les chances d'y trouver des signes de vie présente ou passée sont nulles, et l'astre présente très peu d'activité sur le plan géologique. Son histoire et la manière dont celle-ci est liée à celle de la Terre restent cependant un domaine de recherche fascinant. Comment la Lune s'est-elle formée ? Est-elle le résultat d'un gigantesque impact survenu tôt dans l'histoire du Système solaire ? A-t-elle été capturée par notre planète, ou a-t-elle fait l'objet d'un processus d'accrétion* plus classique ?

Les missions robotiques et humaines qui vont s'accumuler au cours des prochaines années contribueront à répondre à ces questions. Une manière de connaître un peu mieux notre planète.

MARS : L'OBJECTIF ULTIME

Comme évoqué dans un des chapitres précédents, le voyage habité vers Mars s'annonce comme un objectif difficile, mais pas complètement impossible. Il paraît cependant prématuré de l'envisager avant 2040. D'ici là, l'exploration martienne par des robots promet toutefois de passer par des étapes fascinantes.

LE DÉFI DE L'ATTERRISSAGE MARTIEN

Depuis une vingtaine d'années, la planète rouge est l'objet du Système solaire qui reçoit le plus d'attention de la part des agences spatiales, et notamment de la NASA. Après une longue pause suite au programme *Viking* dans les années 1970, l'agence spatiale américaine a mené à partir des années 1990 une série de missions très fructueuses vers Mars. Elle a déposé sans encombre quatre rovers* à la surface, et un cinquième est en route ! S'ajoutent à cela de multiples atterrisseurs et plusieurs orbiteurs encore actifs. Ces dispositifs font de Mars un objet étudié au quotidien depuis l'orbite et la surface.

Déposer un robot à la surface de Mars reste cependant un exercice très difficile, et aucune organisation en dehors de la NASA n'y est parvenue : Russes et Européens s'y sont cassé les dents à plusieurs reprises. C'est cependant une situation qui pourrait changer rapidement. En 2021, trois missions arriveront en effet dans le système martien : un nouveau rover* américain (*Perseverance*), la première mission chinoise (qui comporte aussi un rover*) et la première mission des Émirats arabes unis (qui s'articule autour d'un orbiteur). Russes et Européens tenteront eux aussi de poser un rover* à la surface en 2023, et l'Inde devrait s'essayer au même exercice deux ans plus tard.

À force de tentatives, de plus en plus de nations devraient donc maîtriser l'atterrissage martien, ce qui promet une moisson de découvertes à la surface. L'histoire de l'eau et la potentielle apparition de la vie constituent un des principaux enjeux de recherche pour ces engins. Notre voisine rouge a en effet abrité des mers et des fleuves voilà 3,5 à 4 milliards d'années. Comment cette eau a-t-elle coulé ? Pendant combien de temps ? Comment a-t-elle disparu ? Existe-t-il encore des poches d'eau liquide dans les profondeurs de la planète ? Cet environnement a-t-il été suffisamment hospitalier pour permettre à la vie d'émerger ?

Pour répondre à ces questions, les rovers* conçus par la NASA, l'ESA*, la CNSA* ou l'ISRO* vont parcourir d'anciens lacs ou des deltas fluviaux tels que le cratère Gale, le cratère Jezero ou le bassin d'Oxia Planum. Ils chercheront des traces du passage de l'eau dans la forme des rochers et la chimie des minéraux.

LA QUESTION DE LA VIE SUR MARS

Trouver des signes de vie présente ou passée est un exercice plus difficile qui a connu son lot de rebondissements parmi les chercheurs qui s'intéressent à cette problématique.

Dès les années 1970, les deux atterrisseurs du programme *Viking* ont chacun amené à la surface de Mars quatre expériences chargées de mettre en évidence des signes de la présence de vie. L'une d'entre elles, dénommée « *Labeled Release* », a fait couler beaucoup d'encre. Elle consistait à collecter un peu de sol martien, à l'injecter avec des nutriments marqués au carbone 14, puis à rechercher certains gaz, eux aussi marqués au carbone 14, qui auraient prouvé que les nutriments avaient été métabolisés. Cette expérience a donné des résultats positifs pour les deux atterrisseurs *Viking* pourtant situés à des milliers de kilomètres l'un de l'autre. Un petit groupe de chercheurs estime donc que la preuve de la vie sur Mars a été apportée voilà plus de quarante ans.

Mais pour beaucoup d'autres, l'épisode *Labeled Release* n'est pas si significatif, et la vie sur Mars reste une hypothèse qui ne pourra être défendue qu'avec des preuves fortes. Depuis l'arrivée de nombreux nouveaux engins d'exploration au cours des vingt dernières années, un autre élément anime la question de la vie sur Mars : le méthane.

Sur Terre, ce gaz est fortement associé à l'activité biologique. Il peut être produit par des processus abiotiques, mais dans son immense majorité, il doit sa présence aux différentes formes du vivant. Il y a quelques années, le rover* américain *Curiosity* a détecté des traces de méthane dans l'atmosphère martienne, au niveau du cratère Gale. La sonde européenne *Mars Express* avait déjà suggéré une détection similaire, même si celle-ci jouait avec la limite de sensibilité de ses instruments.

Du méthane sur Mars, c'est une perspective très excitante. Certes cette donnée ne permet pas de conclure à la présence de vie, mais elle ouvre la porte à cette possibilité. Il y a cependant une ombre au tableau. En 2016, l'Agence spatiale européenne a déployé la sonde *ExoMars TGO* en orbite autour de la planète rouge. *ExoMars TGO* a été pensée pour analyser dans ses moindres détails la chimie de l'atmosphère martienne, avec le méthane en ligne de mire. Et pourtant, elle reste incapable de confirmer la détection du gaz depuis l'orbite. Il y a donc entre les données du rover* américain et celles de la sonde européenne une contradiction qu'il faudra résoudre.

L'eau, le méthane et la question de la vie font de Mars un objectif d'exploration très prisé. Les agences spatiales du monde entier déploient donc des ressources importantes pour faire avancer la connaissance de ces sujets.

En plus des traditionnels orbiteurs, atterrisseurs et rovers*, Mars devrait ainsi bientôt accueillir le premier engin plus lourd que l'air à voler dans une autre atmosphère que celle de la Terre. Il s'agit d'un petit drone hélicoptère disposant de deux rotors contrarotatifs. Il accompagnera les premiers jours sur Mars du rover* *Perseverance*. Équipé d'une petite batterie rechargée par panneau solaire, il devrait être capable d'effectuer des vols de quelques minutes sur quelques dizaines de mètres. De quoi démontrer l'intérêt du vol à hélice pour les futures missions d'exploration.

LE RETOUR D'ÉCHANTILLONS

Un autre grand chantier de l'exploration martienne dont on commence à voir les prémices concerne le retour d'échantillons. Comme il est très difficile d'amener des humains sur place, rapporter un morceau de la planète rouge sur Terre constitue une alternative très intéressante. L'exercice reste cependant périlleux : en plus de réussir à atterrir, il faut être capable de redécoller, puis de revenir sans encombre vers la planète bleue. C'est cependant une étape qui devrait être franchie d'ici une grosse dizaine d'années. Plusieurs projets de retour d'échantillons sont ainsi en cours de développement.

La JAXA, l'agence spatiale japonaise, travaille ainsi sur la mission *MMX*, qui doit rapporter en 2029 des échantillons de la lune martienne Phobos. Ce n'est pas tout à fait Mars, mais les retombées scientifiques d'un tel retour restent potentiellement phénoménales ! Les quelques grammes de roche et de poussière prélevés pourraient aider à comprendre l'histoire des deux lunes martiennes et la manière dont l'eau est arrivée à la surface des planètes internes du Système solaire.

La NASA et L'ESA* travaillent quant à elles en collaboration sur une mission de retour d'échantillons à destination de la surface de Mars. La première étape de cette aventure devrait avoir lieu à peu près à la date de publication de ce livre (février 2021), puisque c'est le rover* *Perseverance* qui est chargé de collecter ces échantillons. Ils seront ensuite confiés à un autre rover* qui les amènera jusqu'à un site de lancement où une petite fusée les transportera en orbite. Après un nouveau transfert, ils devraient revenir sur Terre aux alentours de 2031. L'agence spatiale chinoise travaille à un objectif à peu près similaire qui pourrait rapporter des échantillons martiens autour de la même période.

Ces missions poseront les bases de ce à quoi devrait ressembler une mission habitée vers la planète rouge. Elles démontreront qu'il est possible de se poser à sa surface, puis de revenir sur Terre. Il reste cependant compliqué d'imaginer que celle-ci ait lieu dans les années qui suivront. Il est en effet beaucoup plus difficile de transporter des humains (et de les faire survivre) que des rochers et de la poussière. Comme nous l'avons déjà souligné dans un précédent chapitre, il nous semble donc très optimiste d'imaginer un voyage habité vers la planète rouge d'ici 2040. Mais on ne demande qu'à avoir tort !

ASTÉROÏDES, COMÈTES, ET OBJETS INTERSTELLAIRES

La suite logique de notre petit voyage à travers le Système solaire, c'est Jupiter, la plus grande des planètes. Cependant, entre Mars et la géante gazeuse se trouve une ceinture d'astéroïdes qui contient jusqu'à 1 700 000 corps de plus de 1 kilomètre, et plus de 200 de plus de 100 kilomètres de diamètre. Nous allons donc profiter de ce chapitre pour nous intéresser à l'exploration de tous les petits corps du Système solaire : les astéroïdes, les comètes, et même les objets interstellaires qui viennent nous rendre visite.

Astéroïdes et comètes ont déjà fait l'objet de quantités de missions d'exploration, allant du simple survol à l'atterrissage et même au retour d'échantillons. Certaines d'entre elles ont été très médiatisées, comme la mission *Rosetta-Philae* de l'Agence spatiale européenne. Il faut dire que ces petits corps ont beaucoup de choses à nous apprendre.

ASTÉROÏDES ET COMÈTES, QUI ÊTES-VOUS ?

Les astéroïdes sont principalement composés de roches et de métaux. Ils se sont formés à proximité du Soleil. Ils sont très nombreux dans la ceinture principale d'astéroïdes, entre Mars et Jupiter, mais on en trouve aussi au niveau de l'orbite de la Terre, à l'intérieur de l'orbite de Mercure, et jusqu'au niveau de l'orbite de Jupiter.

Les comètes se sont formées bien plus loin du Soleil. Elles sont en grande partie constituées de glace et de matériaux volatiles. Elles sont parfois propulsées vers l'intérieur du Système solaire par une interaction gravitationnelle avec un autre corps. Lorsqu'elles se rapprochent du Soleil, les glaces qu'elles contiennent s'évaporent sous l'effet de la chaleur, et elles se parent alors d'immenses queues, parfois visibles à l'œil nu.

Astéroïdes et comètes se sont formés au tout début de l'histoire du Système solaire. Ce sont les restes des briques fondamentales qui ont permis la formation des planètes. Depuis 4,5 milliards d'années, leur composition n'a quasiment pas évolué, et leur exploration est donc un moyen de plonger dans l'histoire du Système solaire. On soupçonne ces corps d'avoir apporté l'eau et peut-être même certains des composés chimiques nécessaires à la vie sur Terre, après que celle-ci se soit formée. C'est pourquoi les projets de missions visant des astéroïdes et des comètes restent nombreux.

DE L'ÉTUDE À L'EXPLOITATION DES ASTÉROÏDES ?

Du côté des astéroïdes, deux missions de retour d'échantillons sont en train de toucher à leur fin. La mission japonaise *Hayabusa 2* et la mission américaine *OSIRIS-REx* ont collecté quelques grammes de matière sur des astéroïdes géocroiseurs*, qui pourront bientôt être analysés sur Terre.

Dans les années qui viennent, la NASA compte se montrer particulièrement active dans l'exploration des astéroïdes. Elle a récemment approuvé le développement de deux nouvelles missions. L'une d'entre elles, nommée *Psyché*, va partir en 2022 vers la ceinture principale d'astéroïdes pour explorer le corps qui porte le même nom. Ce dernier mesure plus de 200 kilomètres de diamètre et est presque exclusivement composé de métal. Il s'agit probablement du cœur exposé d'une protoplanète*, dont les couches supérieures auraient été vaporisées par un ou plusieurs impacts. *Psyché* va ainsi nous aider à comprendre ce qui se passe au centre des planètes, y compris de la Terre. Une aventure qui n'aurait pas déplu à Jules Vernes.

Fin 2021, c'est la mission *Lucy* qui partira explorer les astéroïdes troyens de Jupiter. Ces corps sont piégés dans des régions rendues gravitationnellement stables par les interactions entre le Soleil et la géante gazeuse. Ils évoluent sur la même orbite que Jupiter au niveau de deux points qui précèdent et suivent la planète. *Lucy* va survoler six astéroïdes, dont certains sont doubles ou possèdent des lunes, ce qui devrait l'occuper jusqu'en 2033. Ses découvertes devraient elles aussi permettre de confronter certains modèles de formation du Système solaire à la réalité.

En plus de ces missions entièrement dédiées à la science, l'exploration des astéroïdes devrait intégrer deux autres problématiques au cours des vingt prochaines années : la défense planétaire (avec par exemple les missions *DART* et *Hera* évoquées précédemment) et la prospection de ressources. Il y a peu de chances pour qu'il soit possible d'extraire des minerais des astéroïdes de manière rentable au cours des vingt prochaines années. Mais certaines entreprises et organisations prévoient de se préparer à cette perspective en menant des missions de prospection vers des astéroïdes géocroiseurs*, le but étant de déterminer quels astéroïdes sont les plus prometteurs pour anticiper l'étape suivante. Les entreprises Planetary Resources ou Origin Space travaillent déjà sur ces projets de missions.

QUAND LES COMÈTES DEVIENNENT ACCESSIBLES...

L'exploration des comètes, sujet qui est très cher à l'ESA*, est une entreprise plus difficile mais tout aussi passionnante. L'Agence spatiale européenne a dédié sa première mission à la comète de Halley en 1985, et elle a réalisé un véritable exploit en posant l'atterrisseur *Philae* sur la comète 67P/Churyumov–Gerasimenko en 2014.

Les comètes se sont formées dans deux régions du Système solaire : la ceinture de Kuiper, un disque d'objets glacés qui s'étend au-delà de l'orbite de Neptune, et le nuage d'Oort une sphère (encore hypothétique) elle aussi constituée de petits corps et située bien plus loin encore. Il est donc très difficile d'aller voir ces objets sur place. Si la sonde américaine *New Horizon* est tout de même parvenu à survoler l'un d'eux, dénommé Arrokoth, dans la ceinture de Kuiper, le 1er janvier 2019 après treize ans de voyage (c'est d'ailleurs l'objet le plus lointain jamais exploré par une machine humaine), il reste cependant plus simple d'explorer des comètes qui ont été déviées vers l'intérieur du Système solaire.

Les passages répétés auprès du Soleil de ces corps ont cependant tendance à modifier leur composition et leurs propriétés. L'idéal serait donc d'intercepter une comète sur le point de réaliser son premier passage auprès du Soleil. C'est l'ambition de l'Agence spatiale européenne avec la mission *Comet Interceptor*. Lancée autour de 2028, elle aura la particularité de décoller sans connaître sa cible. L'Agence spatiale européenne compte la faire patienter au niveau du point de Lagrange* L2 du système Soleil-Terre (une région gravitationnellement stable semblable à celle qui permet aux astéroïdes troyens de Jupiter d'exister), jusqu'à ce qu'une comète adéquate soit identifiée. Cela devrait permettre de la survoler avant son passage à proximité du Soleil, et donc d'observer un objet issu des confins du Système solaire dans son état d'origine.

LES FABULEUX MYSTÈRES DES OBJETS INTERSTELLAIRES

L'ESA* pourrait aussi diriger cette mission vers un autre type de cible tout aussi passionnant : un objet interstellaire, c'est-à-dire un corps qui s'est formé autour d'une autre étoile que le Soleil et qui a voyagé à travers le vide interstellaire pendant des millions d'années avant de croiser la route de notre système. Il s'agit d'un domaine d'étude tout neuf puisque le premier objet interstellaire a été détecté en 2017 (Oumouamoua), et le second en 2019 (Borisov). Pour une mission d'exploration, les objets interstellaires sont un objectif très difficile puisqu'ils ne passent qu'une seule fois près du Soleil avant de quitter à jamais le système. Il faut donc être capable de les détecter suffisamment en avance pour avoir le temps de préparer une mission d'interception. C'est peut-être un exploit dont l'ESA* ou une autre agence seront capables d'ici 2040. À défaut d'aller visiter une autre étoile, il serait fascinant de pouvoir poser les yeux sur un objet qui s'est formé dans une autre région de la Voie lactée…

JUPITER : LA PLANÈTE DE TOUS LES SUPERLATIFS

Au-delà de la ceinture principale d'astéroïdes, notre périple nous conduit maintenant du côté des planètes géantes, en commençant par la plus imposante d'entre elles : Jupiter. La cinquième planète du Système solaire est l'objet de nombreux superlatifs : la plus grande, la plus massive, le champ magnétique le plus intense, la vitesse de rotation la plus rapide... On est familier de ses couches nuageuses organisées en bandes et de sa grande tache rouge, un anticyclone dans lequel il serait possible de faire tenir la Terre dans son entièreté.

SI LA PLANÈTE MÈRE EST INACCESSIBLE…

Pour les sondes d'exploration spatiale, Jupiter est une cible difficile. D'abord parce que la distance qui nous sépare d'elle est très importante, même lorsque les planètes s'alignent, ce qui induit des temps de voyage forcément longs. Comme pour Mercure, il est beaucoup plus simple de réaliser un simple survol que de se mettre en orbite autour de la planète. Les sondes *Pioneer* et *Voyager* ont ainsi pu la survoler en moins de deux ans. Mais lorsqu'on souhaite se mettre en orbite, il faut modérer sa vitesse par rapport à celle de la géante, ce qui implique un voyage beaucoup plus long. La sonde *Galileo* par exemple, la première à s'être mise en orbite autour de Jupiter, a eu besoin de plus de six ans pour couvrir le trajet. *Juno*, la seconde sonde à avoir réussi cet exploit, a fait mieux, puisqu'elle n'a eu besoin « que » de quatre ans et trois mois pour le voyage.

Seconde difficulté : l'environnement autour de Jupiter est hostile. Son puissant champ magnétique expose les vaisseaux qui la visitent à de fortes radiations, nécessitant le recours à un blindage imposant pour protéger les systèmes électroniques. La lumière du Soleil s'y fait aussi plus rare, ce qui réduit drastiquement l'efficacité des panneaux solaires. Le manque de puissance électrique qui en résulte affecte aussi bien les télécommunications des vaisseaux que les expériences qu'ils embarquent.

... SES LUNES LE SONT SANS DOUTE MOINS !

Malgré ces difficultés, les agences spatiales américaine et européenne déploient des ressources importantes pour explorer la géante gazeuse et son cortège de lunes, extrêmement intéressant. Jupiter est en effet accompagnée d'au moins 79 satellites naturels. Les quatre plus grands d'entre eux, Io, Europe, Ganymède et Callisto, sont appelées lunes galiléennes pour la simple et bonne raison qu'elles ont été découvertes par le célèbre savant italien.

Ces lunes sont très différentes les unes des autres. Io affiche un volcanisme très actif, Europe est une petite boule de glace, Ganymède dispose de son propre champ magnétique et Callisto est plus constellée de cratères que n'importe quel autre corps du Système solaire.

Si elles étaient en orbite autour du Soleil plutôt que de Jupiter, ces lunes pourraient peut-être prétendre au statut de planète. Le diamètre de Ganymède est en effet supérieur à celui de Mercure, bien que la lune soit moins massive.

Ces quatre lunes représentent des objectifs d'exploration à part entière qui, au cours des prochaines années, feront l'objet d'une attention particulière. En 2022, l'Agence spatiale européenne lancera ainsi la mission *Jupiter Icy Moons Explorer* (*JUICE*). Elle se concentrera sur trois des quatre lunes galiléennes : Ganymède, Callisto et Europe, suspectées d'abriter des océans d'eau liquide sous leur épaisse croûte de glace. Ce sont les phénoménales forces de marée dues à la présence de la géante gazeuse qui leur permettraient de rester liquides.

L'hypothèse de l'océan d'Europe est la mieux renseignée. Lorsque la sonde *Galileo* est entrée dans le système, elle transportait avec elle un magnétomètre, et ce dernier a pu observer que la petite lune glacée produisait un champ magnétique en réponse à celui de Jupiter. Les propriétés de ce champ magnétique correspondent à ce qu'on attendrait de la part d'un volume d'eau salée situé à quelques kilomètres sous la surface. Il pourrait lui-même avoir une profondeur d'une centaine de kilomètres et être relié au fond sous-marin où l'on trouverait une activité volcanique, comme sur Io.

Or on a vérifié sur Terre que la vie était capable d'apparaître et de s'épanouir autour de cheminées hydrothermales à de très grandes profondeurs, là où l'absence de lumière élimine toute chance d'une vie basée sur la photosynthèse.

La vie dans les profondeurs d'Europe, et peut-être aussi de Ganymède et de Callisto, est donc devenue un axe de recherche majeur pour les agences spatiales et les planétologues au cours des deux dernières décennies. Seulement, pour en avoir le cœur net, il faudrait être capable de forer la glace sur une dizaine de kilomètres de profondeur, puis d'envoyer un sous-marin descendre bien plus profondément encore. On serait bien incapable de le faire sur Terre… alors autour de Jupiter, n'en parlons pas.

Pour faire avancer la connaissance sur ces milieux, les agences spatiales doivent donc ruser. La sonde européenne *JUICE* se concentrera en particulier sur Ganymède, la plus grande lune du Système solaire, soupçonnée d'abriter plusieurs océans empilés les uns sur les autres à la manière d'un sandwich et séparés par des couches de glace. *JUICE* devra étudier le champ magnétique et le champ gravitationnel de la lune pour confirmer ce scénario. À l'aide de ses caméras et spectromètres, elle scrutera aussi la surface à la recherche d'indices morphologiques et chimiques permettant de mieux comprendre ce qu'il se passe dans les profondeurs de Ganymède.

Côté américain, la NASA a décidé de se concentrer quasi exclusivement sur Europe avec la mission *Europa Clipper*, qui devrait décoller en 2024 et arriver dans le système jovien six à sept ans plus tard. Elle se mettra en orbite autour de Jupiter et mènera une série de survols de la lune. Cela devrait lui permettre de confirmer la présence d'un océan souterrain et de déterminer ses caractéristiques et la manière dont il interagit avec la glace au-dessus et le plancher océanique en dessous. La sonde doit déterminer au mieux son habitabilité : sa chimie est-elle compatible avec la vie et existe-t-il une source d'énergie qui permettrait à celle-ci d'apparaître ?

Europa Clipper scrutera par ailleurs la surface en vue d'identifier un site d'atterrissage pour une mission très ambitieuse bien qu'encore à l'état de projet : *Europa Lander*. Il s'agirait d'un atterrisseur qui irait se poser sur Europe au cours de la décennie

2030 et mènerait une étude détaillée de la surface pendant trois semaines. Il pourrait creuser à quelques centimètres sous la surface pour tenter de répondre aux mêmes questions concernant l'océan situé bien plus bas.

Les vingt prochaines années s'annoncent donc fascinantes pour l'exploration du système jovien, et tout particulièrement en ce qui concerne les lunes galiléennes. En fonction des résultats des missions *JUICE* et *Europa Clipper/Lander*, Européens et Américains pourraient concevoir un projet encore plus ambitieux : une mission de surface prolongée, voire un forage à quelques mètres sous celle-ci. On note aussi côté chinois la volonté de réaliser une première mission vers les planètes externes du Système solaire. Il s'agira peut-être d'un simple survol, ou d'un orbiteur plus ambitieux. Le vol habité lui est exclu. Non seulement Jupiter est trop éloignée, mais son environnement est également trop radioactif. Les hommes devront donc continuer à s'interroger sur ce qu'il se passe dans les profondeurs d'Europe ou de Ganymède sans quitter le confort de la Terre.

AUTOUR DE SATURNE : TITAN ET ENCELADE

Tout comme Jupiter, la planète aux anneaux est flanquée de tout un cortège de lunes. Il y en a au moins 82, et si la plupart ne font guère plus de quelques kilomètres de diamètre, deux des plus grandes suscitent un intérêt particulier : Titan et Encelade.

Encelade ressemblerait un peu à Europe, puisqu'on la soupçonne d'abriter un océan de plusieurs dizaines de kilomètres de profondeur sous sa croûte de glace. Voilà qui est particulièrement remarquable pour un objet qui ne fait que 500 kilomètres de diamètre. Par ailleurs, la lune de Saturne propulse au niveau de son pôle Sud d'immenses jets de particules qui ressemblent à des geysers. Ces geysers pourraient être directement issus de réservoirs d'eau liquide situés plus ou moins près de la surface. D'une certaine manière, Encelade pourrait ainsi résoudre les problèmes d'exploration posés par Europe. S'il reste impossible d'imaginer creuser sa croûte et naviguer dans son océan souterrain, il semble beaucoup plus simple d'analyser la petite partie de cet océan qui est expulsé dans l'espace.

L'autre monde qui fait l'objet d'une attention particulière se nomme Titan. Il s'agit de la seconde plus grande lune du Système solaire (après Ganymède) et de la seule qui soit dotée d'une atmosphère épaisse. Titan est un monde fascinant et étrange, à la fois très ressemblant et très différent de la Terre. Malgré sa température de surface de -180 °C en moyenne, cette lune possède des lacs, des nuages et des pluies. Ce cycle liquide repose cependant sur le méthane et non sur l'eau : il s'agit donc d'une chimie complètement différente de celle qu'on trouve sur notre planète. Titan pourrait cependant aussi accueillir un océan d'eau liquide caché dans ses profondeurs, à la manière des autres lunes glacées qu'on vient d'évoquer. Cette double particularité en fait un objectif d'exploration prioritaire pour les agences spatiales.

Il reste que Saturne est très difficile à atteindre, plus encore que Jupiter. La sonde *Voyager 1* est parvenue à la survoler après un peu plus de trois ans de voyage, ce qui constitue un record. Pour une mise en orbite, il n'existe qu'un seul exemple connu : la mission *Cassini-Huygens*, une autre mission conjointe de la NASA et de L'ESA* qui a décollé en 1997 et s'est insérée en orbite autour de Saturne sept ans plus tard. En plus du temps de voyage, la géante aux anneaux présente pour les sondes d'exploration un véritable défi en termes de gestion de l'énergie. Aussi loin du Soleil, les panneaux photovoltaïques n'ont plus aucun intérêt, et les quatre sondes qui ont visité la géante étaient donc équipées de RTG, des systèmes qui produisent de l'électricité en exploitant la différence de température entre une source radioactive (du plutonium 238) et le vide spatial. Ces sondes sont ainsi toutes aisément reconnaissables de par leur absence de panneaux solaires et leur immense antenne, conçue pour leur permettre de communiquer à travers des centaines de millions de kilomètres de vide.

La mission *Cassini-Huygens* est responsable d'une grande partie des connaissances que nous possédons sur la géante aux anneaux et ses lunes. Elle a notamment largué un petit atterrisseur (fabriqué à Cannes par Aérospatiale !) dans les nuages de Titan en 2005. C'est lui qui a pris les quelques photos dont nous disposons de la surface de ce monde étrange.

L'exploration de Saturne, et plus particulièrement de Titan, bénéficiera d'une mission extrêmement ambitieuse au cours des vingt prochaines années. Elle se nomme *Dragonfly* et décollera en 2027. La NASA est ainsi en train de concevoir un immense drone de type quadcoptère, de 1 demi-tonne environ. Il devrait entrer dans l'atmosphère de Titan aux alentours de 2036. Il tirera son énergie de RTG, ce qui devrait lui permettre de passer plusieurs années terrestres à la surface de la plus grande lune de Saturne. Son mode de déplacement à hélices lui permettra de couvrir jusqu'à 8 kilomètres par vol, ce qui le rendra apte à explorer une portion appréciable de Titan. *Dragonfly* s'intéressera au climat, à la géologie et à la chimie de la lune, pour déterminer, entre autres, si la vie est possible dans ce milieu si particulier. Il va cependant falloir se montrer très patient avant de pouvoir profiter des images prises au cours de vols atmosphériques dans un monde si lointain.

Bien qu'aucune autre mission à destination de Saturne et de ses lunes ne soit actuellement financée, de nouvelles annonces sont susceptibles de tomber au cours des prochaines années. Comme pour Jupiter, la Chine pourrait décider de réaliser sa propre mission de survol. Et d'autres agences spatiales voudront peut-être profiter de l'opportunité offerte par les geysers d'Encelade. Il serait en effet possible d'imaginer qu'un vaisseau spatial les traverse directement. Équipé des instruments adéquats, il pourrait alors prélever quelques-unes de ces particules pour les analyser sur place, voire pour rapporter cet échantillon sur Terre. Une manière indirecte de plonger dans l'un des nombreux océans qu'on trouve dans le Système solaire externe.

URANUS, NEPTUNE ET AU-DELÀ...

Au-delà de Saturne, le Système solaire est nettement moins bien connu. Les planètes Uranus et Neptunes n'ont reçu la visite fugace que d'une seule sonde, dans les années 1980 : *Voyager 2*. Elle a pu photographier les planètes et quelques-uns de leurs satellites, et mesurer leur champ magnétique. Beaucoup plus tard, la sonde de la NASA *New Horizon* est parvenue à survoler la planète naine Pluton en 2015, puis l'objet de la ceinture de Kuiper, Arrokoth, en 2019. Il s'agit à l'heure actuelle de l'objet le plus éloigné qui ait jamais été exploré par une sonde spatiale. Le survol s'est en effet effectué à une distance de 6,6 milliards de kilomètres de la Terre.

New Horizon est maintenant parvenue encore plus loin, tout comme les sondes *Pioneer 10* et *11* ainsi que *Voyager 1* et *2*. Toutes les cinq sont sur des trajectoires qui vont les amener à sortir du Système solaire. *Voyager 1* détient le record de distance, à plus de 22 milliards de kilomètres de notre planète (à l'heure où nous écrivons ces lignes...).

L'exploration des deux dernières géantes et des objets qui évoluent au-delà d'elles est un des objectifs les plus difficiles qui soient. *Voyager 2* a pu les survoler grâce à un alignement providentiel des planètes, qui ne se reproduit que tous les cent soixante-seize ans. Pour progresser dans la connaissance de ces systèmes, il est possible d'imaginer lancer un orbiteur pour Uranus ou Neptune, voire deux missions dédiées à chacune des deux planètes. Une telle entreprise demandera des décennies de préparation et de voyage : on est donc à la limite de l'horizon que nous explorons dans ce livre.

La NASA et l'ESA* semblent cependant penser que le moment est venu de se frotter à un tel exercice. Car si aucune mission n'a pour le moment été financée, plusieurs architectures sont à l'étude. Il faudra cependant peut-être choisir de n'explorer qu'une seule des deux géantes de glace à la fois.

Uranus a la particularité d'être très inclinée sur son axe, ce qui est peut-être le signe qu'elle a connu une collision cataclysmique dans son passé. On lui connaît au moins 13 anneaux et 27 lunes. Cinq d'entre elles sont relativement grandes : Titania, Oberon, Umbriel, Ariel et Miranda. *Voyager 2* n'a pu fournir que quelques photos en basse résolution de leur surface. Les deux plus grandes d'entre elles, Titania et Oberon, pourraient accueillir des océans souterrains à la manière de certaines lunes de Jupiter et de Saturne, mais on ne dispose pas aujourd'hui de preuves allant dans ce sens. Cette observation pourrait être un des objectifs confiés à une éventuelle mission, qui étudierait les lunes depuis l'orbite d'Uranus. Il serait aussi intéressant de larguer des sondes dans l'atmosphère de la géante, pour étudier la distribution de ses nuages, la vitesse de ses vents et la chimie de son milieu.

Neptune s'annonce encore plus difficile à atteindre que Uranus. *Voyager 2* a eu besoin de douze ans pour faire le trajet, et un orbiteur nécessiterait un délai encore plus long, à moins de se montrer particulièrement innovant du côté de la propulsion. La géante et ses lunes constituent cependant un système extraordinaire. L'atmosphère de Neptune apparaît ainsi très active, avec des vents soufflant à plus de 1 300 kilomètres à l'heure et de gigantesques tempêtes qui peuvent durer des années (terrestres). Parmi ses 14 lunes connues, Triton est de loin la plus grande et celle qui suscite le plus d'intérêt. C'est la septième plus grande lune du Système solaire et elle possède une très fine atmosphère composée d'azote qui permet à des nuages de se former. Sa surface est relativement plate et dénuée de cratères d'impact, ce qui signifie qu'elle dispose d'une géologie active qui a effacé la trace des bombardements qu'elle a pu subir. *Voyager 2* a réussi à photographier ce qui ressemble à des geysers s'élevant jusqu'à 8 kilomètres d'altitude. Cela permet là encore de poser l'hypothèse d'un océan liquide enfoui à quelques kilomètres sous la glace. Le faisceau d'indices est plutôt mince, mais c'est justement ce qui rend l'idée d'une mission d'exploration particulièrement intéressante.

Des équipes au sein de la NASA ont proposé plusieurs architectures de missions pour aller explorer Neptune et Triton, qui vont du simple survol à l'orbiteur et même à un atterrisseur qui creuserait la glace d'azote présente à la surface pour se propulser par petits bonds. Si une telle mission ne risque pas de voir la surface de Triton avant très longtemps, une décision la concernant pourrait être prise assez rapidement.

L'agence spatiale américaine semble en effet vouloir se concentrer sur l'exploration d'Uranus et de Neptune dans un avenir assez proche, et l'Agence spatiale européenne a fait signe qu'elle serait prête à collaborer à une telle aventure. Une mission de survol de Neptune pourrait par exemple être lancée dès 2025 ou 2026 (pour un survol en 2038), tandis qu'un programme constitué de deux orbiteurs tirés à la fois vers Uranus et Neptune demanderait plus de temps de développement (et de trajet).

Au-delà de la dernière planète du Système solaire, tout reste encore à faire. La ceinture de Kuiper (où évolue Pluton) pourrait abriter plusieurs dizaines, voire centaines, de corps massifs pouvant prétendre au statut de planètes naines. Certains astronomes évoquent même la possibilité d'une dixième planète qui n'aurait pas encore été détectée et dont la masse perturberait l'orbite de certains objets transneptuniens. Plus loin encore, le nuage d'Oort est un réservoir de comètes (plus ou moins grandes) qui pourrait s'étendre jusqu'à une année-lumière du Soleil. Autant d'objets qui représentent des cibles d'exploration potentielles bien qu'extrêmement ardues, et probablement inenvisageables au cours des vingt prochaines années. La meilleure méthode pour les atteindre est peut-être celle adoptée par l'ESA* avec la mission *Comet Interceptor*, évoquée précédemment : attendre que l'un de ces objets soit propulsé vers l'intérieur du Système solaire pour aller l'explorer à moindre frais.

Les plus rêveurs d'entre vous ont probablement envie d'aller voir encore plus loin, dans d'autres systèmes planétaires* aux particularités étranges et où peut-être la vie a pu émerger ! C'est malheureusement un objectif très clairement hors de portée aujourd'hui pour l'humanité, et cela le restera encore au moins quelques décennies ou siècles, voire à jamais. Car les immensités de l'espace interstellaire font passer les interminables voyages que l'on a évoqués dans ce chapitre pour de tout petits sauts de puces. Mais ne désespérez pas : il est possible d'apprendre bien des choses sur des planètes éloignées sans avoir à se rendre sur place !

L'HUMANITÉ MYSTÈRES

FACE AUX
DU COSMOS

Chapitre 1

LA QUÊTE D'UNE EXOPLANÈTE RÉELLEMENT HABITABLE

Voyager vers des mondes lointains orbitant autour d'étoiles étranges est un rêve pour tout amateur de science-fiction. Mais cela restera un rêve pendant encore très longtemps, et probablement même à jamais, car le génie humain semble confronté à une équation insurmontable lorsqu'il se frotte au voyage interstellaire. Et pourtant, même lorsque les distances se font insurmontables, il trouve le moyen de se renseigner sur l'Univers et ses objets.

Notre galaxie, la Voie lactée, compte plusieurs centaines de milliards d'étoiles, et on peut aisément imaginer qu'une grande partie d'entre elles possède un système planétaire*. La preuve que d'autres planètes existent au-delà du Système solaire est pourtant assez récente, car il est très difficile de détecter de petits objets à grande proximité d'un astre aussi massif et brillant qu'une étoile.

DÉTECTER UNE PLANÈTE À DES ANNÉES-LUMIÈRE DE DISTANCE

Cette difficulté a été surmontée voilà une trentaine d'années. Des exoplanètes ont d'abord été détectées en 1990 autour d'un pulsar*, le cœur effondré d'une étoile massive. Puis en 1995, Michel Mayor et Didier Queloz ont identifié la première véritable planète orbitant autour d'une étoile de la séquence principale*, 51 Pegasi b. Une découverte qui leur a valu le prix Nobel de physique en 2019.

L'immense majorité des exoplanètes est détectée grâce à la méthode des transits ou à celle des vitesses radiales. Dans les deux cas, ce n'est pas la planète que l'on observe directement, mais plutôt les effets de sa présence sur son étoile. La méthode des transits consiste à surveiller la luminosité d'une étoile sur une période assez longue. Si une planète passe devant l'étoile, sa luminosité va baisser de manière très subtile. Et si ces baisses de luminosité sont périodiques, alors il y a de bonnes chances que l'on ait affaire à un objet en orbite autour de l'étoile : une planète. C'est toutefois une méthode qui ne fonctionne qu'à certaines conditions : il faut que l'étoile, la planète et l'observateur soient alignés pour que cette mini-éclipse ait lieu. En surveillant une très grande quantité d'étoiles, il est cependant possible de multiplier les chances de détection. C'est aujourd'hui la méthode la plus fructueuse pour détecter des exoplanètes.

La méthode des transits permet de déterminer grossièrement le rayon d'une exoplanète, ainsi que ses paramètres orbitaux, ce qui permet déjà de se faire une petite idée de ses caractéristiques. Est-elle d'une taille similaire à la Terre ? Plus grande ou plus petite ? Orbite-t-elle près ou loin de son étoile ? Quelle quantité de rayonnement reçoit-elle de son astre ? Ces conditions sont-elles compatibles avec la présence d'eau liquide à sa surface ?

La méthode des vitesses radiales s'efforce de mesurer la vitesse des étoiles le long de l'axe de visée. Lorsqu'une planète est en orbite autour d'une étoile, elle a une influence gravitationnelle sur son astre. Ainsi, bien que ce soit l'étoile qui dicte la danse des orbites, la présence de la planète peut conduire l'étoile à osciller légèrement. Le phénomène est plus facilement perceptible lorsque la planète est massive et l'étoile pas trop. Cette oscillation peut alors être observée dans le spectre lumineux de l'étoile. En mesurant ces changements de vitesse radiale, on peut parfois trouver une périodicité, signe qu'un objet massif est en orbite autour de l'astre étudié. Cette méthode permet d'évaluer la masse de la planète ainsi que certains de ses paramètres orbitaux.

Les choses deviennent intéressantes lorsqu'on combine les deux méthodes, transits et vitesses radiales. Il devient alors possible de croiser les estimations de diamètre et de masse pour en déduire la densité globale de la planète, ce qui permet de spéculer sur sa composition. Si telle planète fait la même taille que la Terre mais apparaît un peu plus massive, c'est peut-être le signe qu'elle dispose d'un cœur ferreux plus imposant. Si telle autre planète apparaît au contraire un peu moins massive, c'est peut-être qu'elle est plus riche en eau.

Cet exercice a toutefois ses limites. Les estimations de masse et de diamètre ainsi acquises sont en effet souvent des fourchettes assez larges, que de nouvelles observations et méthodes essaient d'affiner. Prenons l'exemple du système planétaire* Trappist-1. Situé à quarante années-lumière du Système solaire, il est assez remarquable car il abrite sept planètes rocheuses de taille semblable à la Terre. Le diamètre et la masse de ces dernières ont été déterminés grâce aux deux techniques qu'on vient d'évoquer. Les masses ont ensuite été affinées grâce à une autre méthode : le chronométrage des transits. Cette technique s'intéresse à l'impact gravitationnel qu'ont les planètes les unes sur les autres : le transit observé d'une des sept planètes peut en effet avoir un peu d'avance ou de retard en fonction de la position des autres planètes. Relever tous ces petits défauts de ponctualité permet de mieux modéliser la masse exacte de chaque planète.

Il existe d'autres méthodes pour détecter des exoplanètes : certaines ne s'appliquent que dans des situations très précises (le chronométrage des pulsars*), d'autres ne permettent pas de répéter la détection (les microlentilles gravitationnelles). Il s'agit à chaque fois de méthodes indirectes. On peut dire qu'une planète existe et on peut même déduire certaines de ses caractéristiques, mais il reste impossible de la voir.

EST-IL POSSIBLE DE VOIR UNE EXOPLANÈTE ?

Observer directement une exoplanète est incroyablement difficile, car à la problématique de la distance s'ajoute celle du contraste. C'est un peu comme si vous essayiez de détecter un ver luisant posé sur le capot d'une voiture qui aurait ses pleins phares allumés au beau milieu de la nuit à 20 kilomètres de distance. La forte luminosité des phares vous empêcherait de voir le petit point lumineux du vers. Une planète n'émet pas de lumière, elle ne fait que réfléchir celle de son étoile. En comparaison de celle-ci, sa luminosité est donc, à l'instar de celle de notre ver luisant, très faible. Vue de loin, une planète est ainsi entre 10 millions et 10 milliards de fois moins lumineuse que son étoile. Elle est cependant très proche de celle-ci. Il faut donc faire appel à des télescopes très performants, capables de distinguer deux objets proches mais distincts, à des années-lumière de distance.

Malgré ces difficultés, des observations directes d'exoplanètes ont déjà été réalisées. Il ne s'agit guère que de quelques pixels sur un cliché rempli de bruit (consultez par exemple une image du système HR 8799), mais cela n'en reste pas moins un véritable exploit.

Pour y parvenir, les astronomes font appel à un ensemble de techniques qui pousse l'astronomie dans ses derniers retranchements. De nouvelles générations de télescopes voient sans cesse le jour, sur Terre ou dans l'espace, avec des miroirs toujours plus grands et donc capables de discerner au mieux des objets lointains par rapport à nous, mais très proches les uns des autres. C'est un aspect que nous développerons dans le chapitre dédié aux futurs outils astronomiques.

Ces télescopes sont munis de systèmes d'optique adaptative de plus en plus performants, qui déforment les miroirs des télescopes en temps réel pour contrebalancer la distorsion de la lumière liée aux turbulences de l'atmosphère. Pour résoudre le problème du contraste inhérent à l'observation d'exoplanètes, certains télescopes sont aussi munis de coronographes*, des masques visant à bloquer la lumière d'une étoile tout en laissant passer celle de son environnement immédiat.

Même avec tous ces outils, les images produites doivent ensuite être lourdement traitées avant qu'il soit possible d'identifier des exoplanètes. Le bruit présent sur ces images est en effet tel qu'il est au premier abord impossible de distinguer une éventuelle exoplanète d'une aberration imputable au système optique utilisé. Une des méthodes qui produit les meilleurs résultats s'appelle *Angular Differential Imaging* : elle consiste à exploiter les mouvements du télescope au cours d'une nuit d'observation. Pour compenser la rotation de la Terre, ce dernier pivote en effet sur plusieurs axes : au fil des heures, l'étoile reste bien au centre du champ d'observation, mais les autres zones de ce dernier pivotent dans l'image. Il s'agit alors d'exploiter la différence de rotation entre les aberrations optiques et d'éventuelles planètes.

D'autres méthodes existent, basées par exemple sur la signature spectrale de certains gaz, mais quelle que soit la technique retenue, les exoplanètes qu'il est possible d'imager aujourd'hui ne sont pas forcément les plus prometteuses sur le plan de la recherche de la vie. Pour optimiser les chances d'observation, il faut en effet se concentrer sur des exoplanètes de grande taille, chaudes (car récemment formées) et aussi éloignées de leur étoile que possible. Des planètes qui ne ressemblent donc pas à la Terre, mais plutôt aux planètes externes du Système solaire juste après leur formation.

D'ici vingt ans, de grands progrès pourraient cependant être effectués, que ce soit au niveau des techniques de détection indirecte ou de celles d'observation directe. En 2018 et 2019, deux observatoires spatiaux ont été lancés pour multiplier les découvertes d'exoplanètes et essayer de les caractériser au mieux. Ils se nomment *TESS* et *CHEOPS*. Le premier, lancé par la NASA, utilise la méthode des transits à très grande échelle pour découvrir de nouveaux mondes. Au cours de sa mission, il va épier près de 200 000 étoiles, à la recherche de ces fameuses petites baisses de luminosité périodiques. L'agence spatiale américaine espère qu'il pourra ainsi repérer jusqu'à 20 000 nouvelles planètes, et que parmi celles-ci plusieurs centaines seront d'une taille comparable à celle de la Terre.

CHEOPS a pour sa part été lancé par l'Agence spatiale européenne, en collaboration avec la Suisse. Il doit observer des exoplanètes déjà connues pour ajuster les estimations de leur diamètre. Ce travail de caractérisation est primordial. Il permettra, entre autres, de déterminer quelles sont les meilleures cibles pour des observations ultérieures à l'aide d'outils plus puissants. Lesquelles ressemblent le plus à la Terre ? Et lesquelles sont très différentes de ce qui existe dans le Système solaire ?

L'UNIVERS, SOURCE INFINIE DE DÉCOUVERTES

En effet, s'il y a bien une chose que l'étude des exoplanètes nous apprend, c'est que l'Univers est une source inépuisable de diversité et d'étonnement. Avant la première découverte d'une exoplanète orbitant autour d'une étoile, on pensait que le Système solaire représentait une configuration standard, avec les petites planètes rocheuses près de l'étoile, et les grandes planètes gazeuses à plus grande distance. La surprise a donc été immense lorsque la toute première exoplanète a été détectée. 51 Pegasi b est très grande (d'une taille comparable à celle de Jupiter), mais son orbite est très proche de son étoile : elle en fait le tour en seulement quatre jours. Ce type de configuration a par la suite été observé dans de nombreux systèmes, si bien qu'il a fallu leur donner un nom et une classification : les Jupiters chauds. Par la suite, d'autres types de planètes qui n'existent pas dans le Système solaire ont été identifiés. Les mini-Neptunes sont des planètes gazeuses, mais de masse inférieure à Neptune ou Uranus, tandis que les super-Terres sont des planètes principalement rocheuses mais plus grandes et plus massives que notre planète.

Ces découvertes remettent sérieusement en cause l'hypothèse selon laquelle le Système solaire représenterait une configuration « standard ». L'un des défis des vingt prochaines années va donc être de comprendre ces nouveaux types de planètes. Quelle est leur densité, leur composition ? Comment évoluent-elles ? Pourraient-elles abriter la vie ? Par ailleurs, un travail d'étude des populations de planètes dans leur ensemble va pouvoir être mené. Les premières découvertes ont fait l'objet de biais d'observation. Dans un premier temps, on a ainsi surtout détecté de nombreux Jupiters chauds. Or ce n'est pas parce qu'ils sont forcément nombreux dans l'Univers, mais parce qu'ils sont faciles à détecter. L'arrivée de nouveaux outils et de nouvelles méthodes permet de corriger progressivement ces biais. En détectant toujours plus de planètes de tailles et de masses diverses, orbitant plus ou moins loin de leur étoile, nous devrions développer une vision de plus en plus claire de ce qui constitue une configuration standard ou non. Cela permettra par exemple de déterminer combien de planètes semblables à la Terre il peut y avoir dans la Voie lactée.

Ces quêtes vont être appuyées par l'entrée en service de nouveaux outils. En octobre 2021, une fusée *Ariane 5* lancera ainsi le télescope spatial *James Webb*, un immense observatoire spatial qui promet de faire avancer presque tous les champs de l'astronomie. Parmi ses nombreuses missions, que nous détaillerons dans les chapitres qui viennent, *James Webb* va tourner son immense miroir vers quelques exoplanètes particulièrement intéressantes.

Lui aussi cherchera à observer des transits, mais avec un objectif plus ambitieux. Lorsque des planètes passent devant leur étoile, une partie infime de la lumière de celle-ci traverse leur atmosphère, avant de poursuivre sa route jusqu'à (si on a de la chance) venir frapper le miroir d'un télescope. Cette lumière porte en elle la trace de sa rencontre avec différents éléments chimiques. Avec un instrument suffisamment sensible, il est donc théoriquement possible de déterminer la composition chimique d'une atmosphère grâce à la lumière collectée lors d'un transit.

C'est quelque chose qu'on arrive déjà à faire pour des planètes géantes de type Jupiter chaud. HD 209458 b est ainsi la première exoplanète dont l'atmosphère a pu être étudiée en détail : on sait qu'elle contient de l'hydrogène, du dioxyde de carbone et même du méthane. La présence de tempêtes, avec des vents soufflant à plusieurs milliers de kilomètres à l'heure, a même pu être déduite de ces observations.

James Webb va essayer de mener le même type d'analyse, mais pour des planètes plus petites. Des mini-Neptunes, des super-Terres et peut-être même des planètes de taille terrestre. Le système TRAPPIST-1, avec ses sept planètes rocheuses, fera par exemple partie de ses cibles de choix. Ce travail de recherche d'exoplanètes et d'analyse de leur atmosphère sera par la suite amplifié grâce au lancement de deux observatoires de l'Agence spatiale européenne : *PLATO* et *ARIEL*.

Le premier d'entre eux doit reprendre la tâche de *TESS* à partir de 2026, en détectant autant de transits que possible, avec cette fois jusqu'à 1 million d'étoiles observées. *PLATO* se concentrera notamment sur des planètes de taille terrestre orbitant dans la zone habitable d'étoiles semblables au Soleil. Il devrait ainsi produire un catalogue important de mondes susceptibles d'abriter de l'eau liquide et peut-être même de la vie.

ARIEL sera lancé deux ans plus tard et se concentrera sur 500 à 1 000 exoplanètes détectées par ses prédécesseurs, en cherchant à analyser la composition chimique de l'atmosphère de chacune d'entre elles. *ARIEL* disposera d'un télescope bien plus petit que celui de *James Webb* : elle devrait donc concentrer ses observations sur des mini-Neptunes et des super-Terres, ce qui devrait permettre de mieux comprendre ces mondes étranges dont on ne connaît aucun représentant dans le Système solaire.

TROUVER LA VIE

Résumons-nous : d'ici quelques années, il sera possible d'estimer la taille, la masse, les paramètres orbitaux et la chimie de l'atmosphère de mondes assez semblables à la Terre. Le but avoué de cette quête est bien évidemment la recherche de la vie, ou, dans un premier temps, la recherche de conditions favorables à la vie.

Il reste cependant très difficile de déterminer à grande distance si une exoplanète est un paradis verdoyant ou un enfer hostile. Pour le moment, les astronomes s'appuient sur le concept de zone habitable, qui cherche à déterminer la distance idéale à laquelle une planète doit se trouver de son étoile pour permettre à l'eau liquide d'exister. Ils se basent pour cela sur le seul exemple connu : celui de la Terre. Une exoplanète est considérée comme étant dans la zone habitable de son étoile si elle reçoit une quantité de rayonnement globalement similaire à celle que la Terre reçoit du Soleil.

C'est un modèle qui reste cependant très limité. En effet, si la Terre se trouve au beau milieu de la zone habitable du Soleil, c'est aussi le cas de la Lune qui, il faut bien l'avouer, ne fait pas rêver comme destination de vacances. D'autre part, comme on l'a vu dans le chapitre précédent, la vie pourrait aussi exister dans des conditions très différentes, comme celles des profondeurs des lunes glacées de Jupiter ou de Saturne.

C'est ici que les informations relatives à la composition atmosphérique entrent en jeu. Si une planète est située dans la zone habitable de son étoile, possède une masse et une taille relativement similaires à la Terre et une atmosphère assez dense pour être détectée, les choses deviennent plus intéressantes. Ce n'est cependant toujours pas la garantie qu'elle soit habitable. Vénus et Mars, qui flirtent avec les limites de la zone habitable du Soleil et disposent d'une atmosphère, en sont des exemples frappants.

Sur certaines exoplanètes de type terrestre, nous aurons peut-être un jour la chance de détecter des atmosphères composées en grande partie d'azote et d'oxygène, et donc en apparence très similaires à celle de la Terre. Cela ferait alors de ces planètes des candidates au statut de véritable exoterre, mais cela ne garantirait toujours pas qu'elles soient habitables ou habitées.

Le scénario idéal serait de détecter dans l'atmosphère de ces planètes des marqueurs biologiques, des gaz dont la présence est associée à la vie. Mais comme on l'a vu dans le chapitre précédent avec le méthane martien, c'est quelque chose que l'on a déjà bien du mal à faire pour les planètes de notre propre système. Il va donc falloir se montrer très patient avec nos catalogues d'exoplanètes…

Peut-être qu'un jour toutefois, dans vingt, cinquante ou cent ans, des astronomes seront capables de dire : « Cette planète est réellement habitable, des humains pourraient y survivre sans système d'assistance particulier. » Si la candidate n'est pas trop éloignée, alors peut-être que cette découverte poussera l'humanité à s'attaquer aux immenses défis du voyage interstellaire.

Chapitre 2

LE SILENCE ET LE BRUIT DE L'UNIVERS

S'interroger sur l'existence de planètes habitables conduit forcément à s'interroger sur celle de planètes habitées. Selon les estimations, il pourrait exister jusqu'à 300 millions de planètes relativement similaires à la Terre dans la Voie lactée. Sachant que l'Univers observable comprendrait entre 100 et 200 milliards de galaxies, les planètes susceptibles de voir la vie émerger sont donc très nombreuses. Avec de telles perspectives en tête, penser que la Terre et l'humanité sont un cas unique dans l'Univers relève d'une certaine forme d'anthropocentrisme.

Il n'existe pourtant actuellement aucune preuve qui confirme l'existence de la vie ailleurs que sur Terre, et encore moins d'indices qui laisseraient penser que d'autres civilisations intelligentes peuplent l'Univers. Des milliards de possibilités… et pas le moindre signe d'une autre espèce capable de communiquer. C'est un constat qui a été formalisé par le célèbre paradoxe du physicien italien Enrico Fermi.

LE PARADOXE DE FERMI

Il pourrait se résumer à une simple question : « Puisque l'Univers est immense et regorge de possibilités, où sont passées les autres civilisations intelligentes ? »

LE SILENCE DES ÉTOILES

Le tournant du XXe siècle a été marqué par l'invention de la radio, grâce à laquelle il est devenu possible de faire voyager de l'information à la vitesse de la lumière sans support physique. Les ondes radio sont des ondes électromagnétiques de basse fréquence qui, en l'absence d'obstacle se propagent dans toutes les directions. Une partie des ondes émises par l'humanité depuis plus d'un siècle s'est donc échappée dans l'espace. Compte tenu de leur vitesse, ces ondes ont maintenant nécessairement atteint d'autres systèmes planétaires*. Si sur l'un de ces systèmes, une civilisation dispose de radiotélescopes suffisamment performants, alors elle a pu détecter notre présence.

POURQUOI N'ENTENDONS-NOUS RIEN ?

Le raisonnement inverse est aussi valable : les lois de la physique étant les mêmes pour tout le monde, n'importe quelle espèce intelligente doit bien se rendre compte un jour que les ondes radio sont un formidable moyen de propager l'information. L'Univers pourrait donc être rempli de ces ondes artificielles utilisées par des civilisations pour leurs communications propres, voire pour communiquer entre elles. Car à défaut de pouvoir voyager d'une étoile à une autre, il serait tout de même intéressant de pouvoir faire connaissance entre voisins !

L'incapacité de l'humanité à détecter des communications interstellaires (volontaires ou non) a donné naissance à de nombreuses hypothèses depuis que Fermi a émis son paradoxe. Le physicien italien était lui-même plutôt pessimiste. Il faut dire qu'il venait alors d'aider à mettre au point la bombe atomique... L'absence de brouhaha radio dans l'Univers l'a donc amené à la conclusion que les espèces intelligentes avaient tendance à s'autodétruire avant de pouvoir établir un contact avec d'autres civilisations. Si pour le moment, l'humanité arrive à lui donner tort, il faut bien avouer que nos civilisations ultratechnologiques évoluent dans un équilibre précaire. La perspective d'une guerre nucléaire est toujours là, et d'autres dangers comme le réchauffement climatique et l'épuisement des ressources naturelles sont venus s'ajouter à nos problèmes.

Une des solutions au paradoxe de Fermi serait donc d'imaginer que le physicien italien avait raison. Peut-être ne voyons-nous ou n'entendons-nous personne parce que toutes les civilisations suffisamment avancées qui ont un jour pu se développer dans l'Univers se sont rapidement autodétruites. Si l'intervalle de temps qui sépare l'apparition d'une civilisation technologique de sa disparition est effectivement très court (quelques centaines d'années, ce qui est négligeable en comparaison de l'âge de l'Univers), alors il est probable que les différentes civilisations de la Voie lactée ne puissent pas répondre à l'appel simultanément.

Une autre hypothèse envisageable est celle d'une incompatibilité technologique. La majeure partie des espèces intelligentes de l'Univers n'a peut-être pas la même lubie des ondes radio que l'humanité. Il pourrait s'agir d'un moyen de communication considéré comme archaïque par des espèces avancées. Et même si la piste radio était la bonne, la façon dont on explore les signaux pourrait être mauvaise : il pourrait s'agir d'une différence de langage mathématique ou d'une incapacité à reconnaître un signal. Les antennes utilisées pour la détection de signaux pourraient aussi tout simplement manquer de sensibilité. Une grande partie des équipements radio de l'humanité ne fonctionne pas à forte puissance : leurs émissions perdent donc rapidement en qualité avec l'accroissement des distances. Pour être détectée, il faudrait qu'une autre civilisation ait le souhait de communiquer avec les étoiles, et donc qu'elle dirige des émetteurs de forte puissance vers le vide interstellaire. L'humanité elle-même ne s'est pas montrée très active dans ce domaine. Quelques tentatives d'émission à forte puissance vers différentes zones de la Voie lactée ont eu lieu entre 1962 et 2016. Elles n'ont pour le moment pas trouvé d'écho.

Le paradoxe de Fermi pourrait enfin être attribuable au fait que la vie soit effectivement incroyablement rare. La Terre bénéficie peut-être de conditions uniques dans la Galaxie, et très peu communes dans l'Univers. L'humanité pourrait ainsi être la première espèce intelligente à être apparue dans le cosmos. Après tout, il en faut bien une. On pourrait aussi imaginer un scénario un peu différent, selon lequel la vie dans l'Univers serait fréquente, mais la vie intelligente très rare. Ce qui est peut-être déjà plus crédible au vu de l'histoire de la Terre. La vie sur notre planète existe depuis plus de 4 milliards d'années. Pendant le premier milliard d'années de son histoire, elle a été dominée par des organismes unicellulaires. Homo sapiens n'existe lui que depuis 200 000 ans et n'a la capacité de communiquer sur des échelles interstellaires que depuis une centaine d'années. On peut donc aisément envisager que la vie dans l'Univers soit relativement courante, mais que les organismes vivants capables de communiquer par-delà les étoiles soient beaucoup plus rares.

DES INSTRUMENTS DE DÉTECTION DE PLUS EN PLUS PERFORMANTS

Avec toutes ces possibilités en tête, il y a peut-être quelques progrès à faire au cours des deux prochaines décennies pour élucider le paradoxe de Fermi. Comme développé dans de précédents chapitres, l'exploration de Vénus, de Mars ou de satellites de Jupiter et de Saturne pourrait un jour déboucher sur la découverte d'une vie autre dans le Système solaire. Même si cette vie était très primitive, cela permettrait de prouver que la Terre n'est pas si unique, et que les conditions nécessaires à l'émergence de la vie ne sont pas si draconiennes.

Pour ce qui est de la vie intelligente en revanche, il faudra continuer à chercher au-delà du Système solaire. De nouvelles méthodes pourraient élargir la capacité de réception de l'humanité à d'éventuels messages venus des étoiles. Le fait que les recherches dans le domaine radio n'aient pour le moment rien donné ne signifie pas forcément que la piste est mauvaise. Il faut en effet considérer l'énormité de la tâche que représente la recherche d'un signal. Il y aurait entre 200 et 400 milliards d'étoiles dans la Voie lactée, et probablement encore plus de planètes. Chacun de ces systèmes pourrait émettre un message en se servant d'une fréquence parmi les milliards de fréquences possibles du spectre radio. Autant chercher une aiguille dans une botte de foin.

L'entrée en service de nouveaux radiotélescopes permet cependant de multiplier les oreilles de l'humanité. Bien que leurs tâches consistent principalement à soutenir des travaux d'astronomie, une partie de leurs capacités d'observation est dédiée à la recherche de signaux artificiels. La gigantesque antenne chinoise FAST et ses 500 mètres de diamètre s'est par exemple vue adjoindre en 2018 un instrument dédié à cette tâche.

Autour de 2027, le Square Kilometer Array (SKA), un gigantesque réseau d'antennes réparties sur deux continents, entrera en service. Il devrait notamment offrir la possibilité de détecter des signaux radio involontaires émis par des civilisations proches. Si la télévision hertzienne existe par exemple autour de Proxima du Centaure, alors le SKA devrait être capable de la capter !

Pour identifier les signaux qui pourraient être captés, l'intelligence artificielle aura un rôle de plus en plus grand à jouer. Chaque nuit, les radiotélescopes du monde entier enregistrent des téraoctets de données. Parmi ces signaux se trouvent beaucoup de parasites et autres artefacts dus aux communications terrestres ou à la structure de l'observatoire. Faire la part des choses entre le bruit ambiant et d'éventuels signaux extraterrestres est un véritable travail de fourmi qui nécessiterait une quantité considérable de ressources humaines.

LE RECOURS À L'INTELLIGENCE ARTIFICIELLE

Fort heureusement, un champ émergent de l'intelligence artificielle semble tout indiqué pour réaliser ce travail : l'apprentissage machine (ou *machine learning* en anglais). Les algorithmes traditionnels ont des paramètres fixés par leurs développeurs : ils parcourent les données fréquence par fréquence et séquence par séquence, à la recherche de motifs préétablis par leurs concepteurs ; or un signal extraterrestre pourrait être très différent de ce à quoi les concepteurs de ces algorithmes s'attendent, auquel cas ces derniers ont toutes les chances de les manquer. L'apprentissage machine permet, quant à elle, à des intelligences artificielles d'apprendre à réaliser leur propre analyse d'un ensemble de données. C'est une méthode bien plus tolérante aux imprévus et qui a donc plus de chances d'identifier une forme de signal qui n'aurait pas été envisagée.

L'ère de l'intelligence artificielle dans le traitement des signaux venus des étoiles commence tout juste. Pour le moment, ces méthodes sont surtout utilisées pour éliminer les signaux venus de la Terre. Les IA sont entraînées à reconnaître toute forme d'interférence afin de faire rapidement le tri entre les signaux parasites et ceux qu'il vaudrait mieux regarder d'un peu plus près.

D'ici quelques années ou décennies, les méthodes d'apprentissage machine pourraient cependant permettre à des algorithmes d'identifier directement des signaux issus d'une autre civilisation. Des intelligences extraterrestres repérées par des intelligences artificielles ? De quoi se sentir un peu dépassé !

LES DÉFIS DE LA RADIOASTRONOMIE

Même si aucun extraterrestre ne se manifeste jamais, ce ne sont pas les sources radio qui manquent dans le cosmos. C'est pourquoi l'idée de pointer des antennes vers le ciel est presque aussi ancienne que la technologie radio elle-même.

DES SIGNAUX RADIO À DÉCODER

Au début des années 1930, l'ingénieur Karl Jansky a construit une immense antenne de 6 mètres de haut et 30 mètres de long, montée sur un support rotatif (quatre roues de Ford modèle T). Il a relevé plusieurs types de signaux, souvent liés aux tempêtes qui passaient dans l'État du New Jersey. Il a aussi identifié un signal différent, qui se répétait à chaque fois que l'antenne balayait une partie du ciel correspondant au centre de la Voie lactée. Ce n'est que bien des années plus tard que l'on a compris que cette source était liée au trou noir central de notre Galaxie.

À la fin des années 1950, des astronomes ont mis en évidence des dizaines puis des centaines de sources radio dans le ciel, sans pouvoir les associer à un objet particulier, jusqu'à ce que, en 1960, l'une d'entre elles puisse être reliée à un objet lumineux. Ces sources furent baptisées quasar et pendant deux décennies, il a été impossible de déterminer s'il s'agissait d'objets proches et petits ou lointains et grands. On sait aujourd'hui que les quasars sont liés à des noyaux actifs de galaxies et qu'ils ont pour source des disques d'accrétion* de trous noirs supermassifs. Ces objets sont extrêmement énergétiques et lumineux dans tous les domaines du spectre électromagnétique.

En 1967, les antennes radio tournées vers le cosmos ont livré un autre mystère : une source régulière qui pulsait toutes les 1,33 seconde. Les auteurs de la découverte se sont demandé s'ils n'avaient pas résolu le paradoxe de Fermi et l'ont baptisé, non sans humour, LGM-1 pour « Little Green Men 1 ». D'autres sources similaires ont rapidement été identifiées et le phénomène a pris le nom de pulsar*.

Les pulsars* n'ont finalement rien à voir avec les petits hommes verts : ils sont dus à des étoiles à neutrons, des objets ultradenses et compacts nés de l'effondrement du cœur d'une étoile massive. Une étoile à neutrons ne fait généralement guère plus de 20 kilomètres de diamètre et possède une masse supérieure à celle du Soleil. Avec une telle densité, si vous étiez capable de rapporter une cuillère à café d'étoile à neutrons sur Terre, elle pèserait 1 milliard de tonnes, soit à peu près autant que le mont Everest !

Les étoiles à neutrons tournent sur elles-mêmes de manière très rapide et régulière. Au niveau de leurs pôles magnétiques, ils peuvent émettre des jets, et ces jets balaient parfois la Terre, nous donnant l'impression d'un clignotement perceptible dans le domaine radio. C'est ce phénomène qui est responsable des pulsars*. Les pulsations des pulsars* sont tellement régulières qu'elles peuvent servir à synchroniser des horloges de manière très précise.

L'histoire de la radioastronomie est ainsi parsemée de signaux qui ont été détectés avant d'être compris. Aujourd'hui encore, il n'y a pas toujours d'explication bien établie à certains des signaux que captent les radiotélescopes. Dernier mystère en date : les sursauts radio rapides. Ce type de signal a été découvert pour la première fois en 2007 par un étudiant qui fouillait dans les archives d'un radiotélescope australien. Il s'agissait d'une unique impulsion radio de moins de 5 millisecondes semblant provenir d'une source extérieure à la Voie lactée. Depuis, d'autres signaux similaires ont été identifiés, avec parfois quelques variations : certains se répètent et d'autres non, une de ces sources suit même un cycle précis, qui se répète tous les seize jours. Encore une fois, la piste de signaux émis par des petits hommes verts est tentante, mais il existe très probablement une explication plus naturelle.

En avril 2020, un sursaut radio rapide originaire de notre propre Galaxie a été détecté pour la première fois. Il a très rapidement pu être associé à un vieux magnétar, un autre objet étrange du cosmos. Les magnétars sont eux aussi des étoiles à neutrons, mais qui ont la particularité de disposer d'un champ magnétique très intense, un des plus puissants de l'Univers. Certains peuvent afficher une valeur 1 million de milliards de fois plus intense que celui de la Terre. Il n'est donc pas étonnant que ces objets soient capables d'émissions électromagnétiques très puissantes.

Ceci dit, les magnétars ne sont pas forcément responsables de tous les sursauts radio rapides qui ont été observés. Le fait que certains de ces signaux soient répétés, voire cycliques, pourrait être l'indice d'un mécanisme différent. L'étude de ces mystérieux signaux va donc continuer dans le but de lever complètement le voile sur leur origine.

DES DÉFIS DE TAILLE EN PERSPECTIVE...

Au cours des vingt prochaines années, la radioastronomie va donc être confrontée à de nombreux défis. Comme l'astronomie classique, elle peut s'appuyer sur l'arrivée de nouveaux outils de plus en plus sensibles et efficaces, mais la discipline doit aussi faire face à des contraintes grandissantes.

La soif insatiable de communication de l'espèce humaine est synonyme d'une pollution radio croissante. L'Internet par satellite, l'Internet des objets ou encore la 5G représentent autant de sources terrestres qui viennent se superposer aux signaux venus des étoiles. Les radioastronomes bénéficient de bandes de fréquences dédiées qui sont interdites aux autres applications, mais il y aurait un véritable intérêt à pouvoir aussi mener des observations en dehors de ces bandes. Cela permettrait de multiplier les détections de pulsars*, d'observer certains objets à fort décalage vers le rouge, ou peut-être même d'identifier un signal intelligent !

L'entrée en service de nouveaux outils, comme le Square Kilometer Array, promet d'ensevelir les radioastronomes sous une montagne de données qu'il va falloir transporter, stocker, analyser et archiver. Ce défi informatique colossal devrait largement recourir à l'intelligence artificielle, et ces nouvelles capacités mèneront peut-être à la découverte de nouveaux types de signaux, qui demanderont encore une fois un véritable travail d'enquête pour livrer tous leurs secrets.

À plus long terme, il est possible d'envisager des observatoires de radioastronomie complètement protégés du brouhaha des humains : la face cachée de la Lune représente un emplacement idéal pour un tel projet. En effet, notre satellite ne dispose pas de l'atmosphère qui, sur Terre, absorbe une partie du spectre radio. De plus, sa face cachée est coupée des communications humaines par des milliers de kilomètres de roches. Enfin, il est possible de s'appuyer sur des infrastructures déjà existantes, car la forme des nombreux cratères lunaires est déjà très proche de celle d'une antenne de radiotélescope. Il suffirait donc de déployer une structure grillagée pour disposer d'une antenne de grande taille. Ce type d'application est actuellement étudié par la NASA, sans pour autant qu'une mission soit encore prévue. Le voyage lunaire étant à la mode en ce moment et de nombreuses entreprises privées s'efforçant d'abaisser son coût, ces efforts contribueront peut-être à rendre possible la mise en place d'un radiotélescope sur la face cachée de la Lune dans un futur relativement proche, avec en perspective un potentiel de découvertes incroyable !

Chapitre 3

LA COSMOLOGIE FACE À SES FANTÔMES

Malgré les progrès immenses de l'astronomie observationnelle et de la physique théorique au cours du XXe siècle, l'Univers renferme encore bien des mystères, et la cosmologie est probablement une des sciences les plus complexes qui existent. Comment expliquer l'entièreté de l'Univers à partir des maigres indices qu'il est possible de récolter depuis la Terre ? La curiosité de l'humanité semble cependant inépuisable en la matière, et de nombreux astrophysiciens se sont attelés à cette tâche.

Ils sont parvenus à reconstruire une histoire qui s'étend sur 13,7 milliards d'années. Cette dernière raconte un Univers en expansion constante, qui a démarré d'un état de densité, de chaleur et d'énergie extrême (le fameux big bang), pour progressivement grandir, se refroidir et se disperser. Les premières étoiles sont apparues environ cent à quatre cents millions d'années après le big bang, suivies des premières protogalaxies, qui se sont elles-mêmes organisées en superstructures : des amas de galaxies qui forment des filaments, des bulles ou des vides. Il reste encore quantité de questions dans cette histoire. Quels mécanismes ont permis l'inflation cosmique, une période d'une fraction de seconde située juste après le big bang et au cours de laquelle l'Univers aurait gonflé d'un facteur 10^{26} ? Quelles sources ont permis la réionisation* de la matière de l'Univers quelques centaines de millions d'années plus tard ? Pourquoi l'expansion de l'Univers semble-t-elle s'accélérer ? Et pourquoi les grandes structures de l'Univers se comportent-elles comme si elles étaient beaucoup plus massives qu'elles n'apparaissent ?

Il serait illusoire de prétendre exposer d'une manière complète les problématiques principales de la cosmologie en un seul chapitre de ce livre. Nous allons donc nous contenter de présenter quelques-unes des grandes questions qui préoccupent les astrophysiciens lorsqu'ils envisagent l'Univers à grande échelle. Nous en profiterons pour détailler les pistes qui se dessinent dans l'optique de peut-être pouvoir un jour répondre à ces questions, et nous décrirons les nouveaux outils qui permettront d'aider les astrophysiciens dans cette quête.

MATIÈRE NOIRE : OÙ EST PASSÉE LA MASSE DE L'UNIVERS ?

À la fin du XIXe siècle, le physicien britannique William Thomson a tenté d'estimer la masse de la Voie lactée. Ses calculs l'ont mené à une conclusion étonnante : notre galaxie semble être beaucoup plus massive que ce que laisse présager la lumière de ses étoiles visibles. C'est comme s'il existait une quantité énorme de matière qu'il est impossible de voir. Une matière qu'Henri Poincaré a ensuite qualifiée de « matière obscure » en 1906.

Plus d'un demi-siècle plus tard, les astronomes américains Vera Rubin et Kent Ford se sont intéressés à la manière dont les étoiles gravitent autour du centre d'une galaxie spirale*. Ils s'attendaient à ce que les étoiles situées vers l'extérieur du disque galactique voyagent beaucoup plus lentement que celles situées près du centre, de la même manière que dans le Système solaire, Mercure fait le tour du Soleil en quatre-vingt-huit jours, alors que Neptune a besoin de cent soixante-cinq ans. Eux aussi furent surpris par leurs résultats : les étoiles situées sur les bords des galaxies spirales* voyagent beaucoup plus rapidement qu'attendu. Un effet qui ne peut s'expliquer, là encore, que si l'on considère que les galaxies en question ont une distribution de leur masse différente de ce que leur luminosité laisse supposer. Il semble donc y avoir là aussi de la matière en grande quantité, mais invisible.

Les années 1970 et 1980 ont apporté leur lot d'observations supplémentaires, confirmant que toutes les grandes structures de l'Univers sont soumises au même constat. Ce dernier constat pousse aujourd'hui les astrophysiciens à estimer que la matière « classique », celle qui forme votre corps, ce livre, la Terre, ou les étoiles de la Voie lactée, ne constitue que 15 % de la matière totale de l'Univers. Le reste est invisible, et on le désigne sous le terme de « matière noire ». On sait qu'elle existe, car elle a une grande influence gravitationnelle sur la matière visible, mais en dehors de cette interaction, elle n'a jamais pu être observée. Elle n'émet pas de lumière, ne la réfléchit pas et ne semble pas interagir avec la matière classique, ce qui la rend très difficile à étudier.

Pour résoudre ce problème, de nombreuses pistes sont envisagées. La solution la plus simple serait d'imaginer que la matière noire est bel et bien de la matière classique mais qui n'émettrait aucune lumière. Elle pourrait exister sous la forme d'objets denses et compacts, voire sous la forme de trous noirs. Cette hypothèse n'est cependant pas privilégiée. En effet, si de tels objets constituaient l'ensemble de la matière noire, alors ils seraient très nombreux. Pour chaque soleil de l'Univers, il devrait ainsi exister cinq à six « soleils noirs ». Or, même s'ils n'émettent pas de lumière, on aurait déjà dû les détecter, par effet de microlentille gravitationnelle, par exemple.

Ce qui nous amène à l'hypothèse suivante : la matière noire est fondamentalement différente de la matière classique. Pour explorer cette piste, il faut plonger dans le monde de la physique des particules. La matière ordinaire étant constituée de particules élémentaires, comme par exemple l'électron, on peut alors faire l'hypothèse que la matière noire est constituée d'une ou de plusieurs particules qui n'ont pas encore été découvertes. C'est dans ce sens que s'oriente la majorité des recherches aujourd'hui.

Dans ce champ-là, plusieurs particules candidates s'affrontent. Citons par exemple les WIMPs (acronyme de *Weakly Interacting Massive Particle*) et les axions. Ces particules hypothétiques sont censées avoir une masse et interagir avec la gravité, mais elles sont aussi censées interagir très faiblement avec la matière classique, *via* les autres interactions élémentaires*. Des observations et des expériences sont donc mises en place pour tenter de détecter ces très rares interactions.

En regardant là où ces particules devraient être les plus nombreuses, au centre des galaxies par exemple, les astrophysiciens cherchent à mettre en évidence un excès de rayonnement, qui serait dû par exemple à l'annihilation d'une petite quantité d'entre elles. Dans des laboratoires souterrains, d'autres physiciens tentent d'observer directement les sous-produits d'une rencontre entre une de ces particules et la matière classique. C'est de cette manière que l'existence des neutrinos (une autre particule élémentaire) a pu être prouvée. Pour le moment, ces efforts n'ont pas porté leurs fruits, mais ils vont être accentués dans les décennies qui viennent. De nouvelles expériences, plus sensibles, sont en train d'être mises en place, avec l'espoir de pouvoir un jour mettre en évidence l'existence d'une particule qui expliquerait la matière noire. Elles se nomment LUX-ZEPLIN, XENON1T ou encore DARWIN, et devraient démarrer dans les prochaines années.

Il existe enfin une dernière piste de recherche théorique, qui envisage que notre compréhension de la gravitation est imparfaite ou incomplète. Depuis 1915, c'est la théorie de la relativité générale d'Albert Einstein qui est utilisée pour décrire la gravitation, et elle n'a pour le moment jamais pu être mise à mal par des observations. Certains physiciens théoriciens considèrent cependant que le problème de la matière noire pourrait n'être que théorique. Autrement dit, il n'existerait pas de corps ou de particules cachés, et les anomalies observées seraient dues à une mauvaise compréhension des mécanismes de la gravitation à grande échelle. Il faudrait donc développer une nouvelle approche théorique de la gravitation. C'est par exemple ce que tente de faire la théorie MOND.

Il est évidemment impossible de dire si le problème de la matière noire sera résolu d'ici vingt ans. L'arrivée de nouveaux outils permettra peut-être une observation sans équivoque qui fera consensus dans la communauté scientifique, ou il faudra peut-être au contraire composer avec ce mystère pendant encore très longtemps. Il est assez probable que de nouvelles pistes soient explorées plus en profondeur au cours de cette période. Durant les dernières décennies, les WIMPs ont été considérés comme les candidats les plus crédibles par une majorité de chercheurs. Mais force est de constater que ces mystérieuses particules ne se matérialisent pas, quelle que soit l'énergie déployée en laboratoire. Si la prochaine génération d'instruments ne donne pas davantage de résultats, ce sont peut-être d'autres particules ou d'autres modèles qui prendront le relais. Récemment, c'est le modèle des axions, théorisé à la fin des années 1970, qui connaît un regain de popularité. En 2020, l'expérience XENON1T, située en Italie, a rapporté un signal très faible qui pourrait correspondre à ces particules hypothétiques.

L'étude de la matière noire va aussi continuer à l'échelle du cosmos. À défaut de comprendre exactement ce qu'elle est, il reste intéressant d'évaluer le rôle qu'elle joue dans la formation des galaxies et des grandes structures de l'Univers. De nouveaux observatoires, comme le télescope *Euclid* qui sera lancé par l'ESA* en 2022, vont aider à retracer l'histoire de ces structures, en regardant très loin dans l'espace et dans le temps. Ceci dit, la mission principale d'*Euclid* sera l'étude d'un autre mystère tout aussi confondant : celui de l'énergie noire.

ÉNERGIE NOIRE : QU'EST-CE QUI ACCÉLÈRE L'EXPANSION DE L'UNIVERS ?

Nous savons que l'Univers est en expansion, ce qui peut paraître surprenant quand on sait que la gravité est la force dominante à grande échelle, et qu'elle a plutôt tendance à rapprocher les objets entre eux.

Albert Einstein, père de la relativité générale, croyait que l'Univers était statique, que son existence, sa taille et ses propriétés générales étaient éternelles. Pourtant en 1922, Alexandre Friedmann, physicien et mathématicien russe, a démontré que la relativité générale permettait de décrire un Univers en expansion. Ce qui lui a valu une vive polémique avec le célèbre physicien allemand. Quelques années plus tard, l'astronome américain Edwin Hubble a mesuré la vitesse d'éloignement de quelques galaxies par rapport à la Terre, ce qui lui a permis de faire un étonnant constat : plus une galaxie est éloignée de nous, plus sa vitesse d'éloignement est grande. Et non seulement ces galaxies s'éloignent de la Voie lactée, mais elles s'éloignent aussi les unes des autres. Autrement dit, il a démontré que Friedmann avait raison : l'Univers est bel et bien en expansion.

Pendant la majeure partie du XXe siècle, cette expansion a été envisagée comme une conséquence du big bang. On considérait que l'Univers avait connu une énorme impulsion initiale qui avait propulsé ses objets dans toutes les directions. Les astrophysiciens pensaient que cette expansion allait continuer mais ralentir, sous l'effet de la gravité. À la fin du XXe siècle, le débat consistait à déterminer si l'Univers finirait par se figer ou s'il commencerait à se contracter dans un futur lointain.

En 1998, deux équipes de chercheurs ont alors publié un résultat étonnant. En s'appuyant sur la mesure des distances permise par un certain type de supernovas, elles ont mis en évidence le fait que l'expansion de l'Univers n'était pas en train de ralentir, mais au contraire de s'accélérer. Ces résultats ont d'abord été accueillis avec beaucoup de scepticisme, mais très rapidement, d'autres équipes ont confirmé l'observation du phénomène.

Encore plus étonnant : en détaillant l'histoire de l'expansion de l'Univers, astronomes et cosmologistes se sont aperçus que dans un premier temps, l'Univers s'est comporté comme ils s'y attendaient, avec une décélération de son expansion. Puis, quatre milliards d'années après le big bang, l'expansion de l'Univers s'est remise à s'accélérer. La gravité n'est donc pas la force dominante à grande échelle. Il s'agit… d'autre chose.

La cause de l'accélération de l'expansion de l'Univers est complètement inconnue, et c'est elle qu'on désigne aujourd'hui sous le nom d'énergie noire. Tout comme la matière noire, son existence est essentielle pour expliquer certaines observations astronomiques, bien qu'elle n'ait jamais pu être mise en évidence en laboratoire. Sa nature est encore plus spéculative que celle de la matière noire. Elle serait de très faible densité, mais répartie uniformément dans l'Univers. À l'inverse de la gravité, elle agirait comme une force répulsive. Elle pourrait elle aussi induire une nécessaire révision de la relativité générale ou bien nous obliger à admettre l'existence de nouvelles particules élémentaires. Il existe une grande quantité de modèles en compétition, dont certains rejettent même l'existence de l'énergie noire.

Pour démêler toutes ces propositions, il faut dans un premier temps commencer par affiner la connaissance de l'histoire de l'Univers. C'est le travail que comptent entreprendre un certain nombre d'observatoires qui seront lancés dans les années qui viennent. L'observatoire spatial *Euclid*, en regardant des galaxies très lointaines, c'est-à-dire aussi des galaxies très anciennes (car même la lumière a besoin d'énormément de temps pour traverser les immenses espaces qui séparent les galaxies), pourra peut-être déterminer l'influence qu'a eue l'énergie noire sur l'organisation des grandes structures de l'Univers. La mission européenne sera aidée dans cette tâche par l'observatoire *Nancy-Grace-Roman*, qui sera lui lancé par la NASA vers le milieu de la décennie. D'autres instruments tels que DESI, entré en service en 2020, effectueront le même travail depuis le sol.

Les résultats de leurs observations permettront de déterminer le taux d'expansion de l'Univers au cours de son histoire, ce qui aidera à répondre à un certain nombre de questions concernant la nature de l'énergie noire. Il s'agit notamment de savoir si elle a varié au cours du temps, et si son influence est susceptible de se renforcer ou de s'affaiblir à l'avenir. Il en va du destin de l'Univers !

Il existe en effet plusieurs modèles qui tentent de décrire l'avenir de l'ensemble de l'Univers jusqu'à sa « mort ». Ces modèles dépendent en partie de la nature de l'énergie noire. Ils portent les noms de mort thermique de l'Univers, *Big Crunch* ou *Big Rip*, et décrivent un Univers dont l'expansion continue, ralentit ou s'accélère dramatiquement, débouchant quoi qu'il arrive sur la fin des temps. Pas de panique cependant : même le plus pessimiste de ces modèles nous offre encore quelques milliers de milliards d'années de répit.

Comme dans le cas de la matière noire, il reste impossible de prédire si les vingt années qui viennent donneront naissance à des percées théoriques ou observationnelles. L'énergie noire ayant été mise en évidence il y a moins d'un quart de siècle, il s'agit donc d'un problème très récent pour les astrophysiciens. À défaut d'avoir identifié précisément la nature de l'énergie noire en 2040, on peut au moins espérer qu'ils auront réussi à affiner les paramètres du problème.

UNIFIER LA RELATIVITÉ GÉNÉRALE ET LA MÉCANIQUE QUANTIQUE

Dans ce chapitre, on a beaucoup évoqué la relativité générale, la théorie de la gravitation présentée par Albert Einstein en 1915. Elle est utilisée pour décrire le comportement des objets à l'échelle de l'Univers. Nous avons aussi parlé de physique des particules. Cette dernière est régie par la mécanique quantique, qui est née à peu près à la même époque (entre 1900 et 1930). *A priori*, ces deux cadres théoriques n'ont pas grand-chose à faire ensemble. L'un s'occupe de l'infiniment grand et l'autre de l'infiniment petit. L'Univers pose cependant certains problèmes qui demandent de décrire à la fois ce qui se passe du côté de la gravitation (décrite par la relativité générale) et du côté des trois autres interactions fondamentales (l'interaction électromagnétique, l'interaction faible et l'interaction forte, qui sont décrites par la physique quantique).

C'est par exemple le cas des trous noirs. Un trou noir est un objet prédit par la relativité générale, dont le champ gravitationnel est si intense que rien, pas même la lumière, ne peut s'en échapper. Bien que les trous noirs soient par nature invisibles, leur existence ne fait plus aucun doute. Le disque d'accrétion* d'un trou noir supermassif a même pu être imagé pour la première fois en 2019, par le réseau Event Horizon Telescope.

Selon la relativité générale, au centre d'un trou noir se trouve une singularité, une région de l'espace-temps dont la densité et certaines valeurs liées au champ gravitationnel peuvent devenir infinies. Les singularités gravitationnelles sont des objets mathématiques dont la réalité physique est invérifiable (puisque aucune information ne peut sortir d'un trou noir). Un milieu aussi extrême devrait cependant être soumis à des effets quantiques.

Si bien qu'il n'est probablement pas possible de le décrire avec la seule relativité générale, d'où l'intérêt de disposer d'une théorie quantique de la gravitation.

Il s'agit d'un champ de recherche très actif qui a déjà produit de nombreuses théories candidates, comme la théorie des cordes ou la théorie de la gravitation quantique à boucles. Ces théories sont cependant extrêmement difficiles (voire impossibles) à vérifier en laboratoire ou lors d'observations astronomiques. Une théorie quantique de la gravitation serait pourtant d'un grand secours pour la cosmologie. En plus de pouvoir décrire ce qu'il se passe au centre d'un trou noir, elle permettrait de plonger dans la physique des tout premiers instants de l'Univers.

Les vingt prochaines années marqueront peut-être une avancée dans ce sens, mais rien n'est moins sûr. Les effets quantiques de la gravitation sont censés se manifester à très haute énergie, et il faudrait donc des accélérateurs de particules et des détecteurs de la taille d'une planète pour pouvoir espérer mener une expérience concluante. Cela n'empêche pas certains physiciens de continuer à penser qu'il doit être possible de démontrer que l'une ou l'autre théorie est correcte.

Voilà qui conclut un chapitre un peu dense… Nous espérons qu'il vous a permis de cerner un peu mieux trois des grands problèmes de la cosmologie moderne (il en existe beaucoup d'autres !). Il est évidemment beaucoup plus difficile de faire des prédictions sur des sujets aussi théoriques, puisque l'avancée de la recherche dépend d'observations qui n'ont pas encore eu lieu et d'une éventuelle percée théorique de la part de physiciens théoriciens.

À défaut de vous dire quand le mystère de la matière noire sera résolu, on peut déjà faire le point sur l'instrumentation qui va entrer en service au cours des vingt prochaines années. Et de ce côté-ci, les prévisions sont beaucoup plus simples.

Chapitre 4

DES MACHINES INCROYABLES AU SERVICE DE LA CONNAISSANCE

Pour mener les recherches que nous avons évoquées dans les trois précédents chapitres, les astronomes peuvent compter sur l'arrivée de nouveaux outils qui leur permettront d'observer le cosmos avec toujours plus de sensibilité. Certains d'entre eux sont très spécialisés (comme ceux dédiés à la caractérisation d'exoplanètes), tandis que d'autres ont une portée plus généraliste et devraient donc apporter des contributions dans plusieurs domaines.

Nous allons maintenant dresser une liste de quelques-uns des grands observatoires qui devraient permettre de faire progresser nos connaissances au cours des vingt prochaines années, qu'il s'agisse de télescopes, de radiotélescopes ou d'interféromètres capables de détecter le passage d'ondes gravitationnelles.

DES TÉLESCOPES TOUJOURS PLUS GRANDS

Avec la lunette astronomique, les télescopes font partie des premiers outils qui ont permis d'observer l'Univers. Grâce à leur grand miroir, ils peuvent collecter plus de lumière que l'œil humain, pour ensuite la focaliser et fournir une image très précise de l'objet observé. Depuis l'époque des premiers télescopes, un des enjeux a donc été de construire des miroirs toujours plus grands, ce qui, passé une certaine taille, devient très difficile, car les miroirs de télescopes doivent répondre à des exigences très précises.

HUBBLE ET LA FOLLE HISTOIRE DE SON MIROIR

Le miroir principal de 2,40 mètres du télescope spatial *Hubble* a demandé des années de polissage pour qu'aucune de ses imperfections ne dépasse 10 nanomètres. Malgré ce travail d'orfèvre, l'entreprise responsable de sa construction, Perkin-Elmer, s'est légèrement trompée dans la forme globale du miroir, et *Hubble* s'est au départ retrouvé complètement myope. Il a fallu qu'une mission de sauvetage soit lancée pour lui offrir un système optique correctif, ce qui a finalement permis d'exploiter tout son potentiel. Après des décennies de découvertes et d'émerveillements, *Hubble* est maintenant proche de la retraite. La relève est cependant assurée. Au sol et dans l'espace, de nouveaux télescopes équipés de miroirs gigantesques s'apprêtent à entrer en activité.

LES TÉLESCOPES SPATIAUX

On a déjà rapidement évoqué le télescope spatial *James Webb*, qui doit être lancé en 2021 par une fusée *Ariane 5*. Il est lui aussi le fruit de très nombreuses années de travail, qui ont permis de concevoir un miroir de 6,50 mètres de diamètre. Pour un télescope spatial, construire un tel miroir d'un seul tenant n'est pas souhaitable, car il serait en effet impossible à faire rentrer sous la coiffe d'une fusée. Le miroir principal de *James Webb* est donc constitué de 18 segments hexagonaux de 1,32 mètre chacun. Le télescope décollera replié sur lui-même et ne sera déployé qu'une fois dans l'espace. Contrairement à *Hubble*, *James Webb* ne sera pas placé en orbite autour de la Terre : il ira séjourner autour du point de Lagrange* L2 du système Soleil-Terre, à 1,5 million de kilomètres de notre planète.

James Webb réalisera la plupart de ses observations en infrarouge, ce qui lui permettra d'imager des objets très anciens et distants. Son immense miroir et ses instruments de pointe devraient lui permettre de partir à la recherche des premières étoiles et galaxies de l'Univers, ou encore d'observer et de caractériser des exoplanètes de taille terrestre. Tout comme *Hubble*, il devrait par ailleurs fournir des images magnifiques qui finiront peut-être sur les couvertures des manuels scolaires ! La mission de *James Webb* devrait durer entre cinq et dix ans, après quoi il faudra réfléchir au moyen d'envoyer un télescope doté d'un miroir encore plus grand dans l'espace.

LE SPECTRE ÉLECTROMAGNÉTIQUE

Le rayonnement électromagnétique est ordonné le long d'un spectre en fonction de sa fréquence et de sa longueur d'onde. Il est classé en grands domaines : les ondes radio, les micro-ondes, l'infrarouge, le spectre visible (pour lequel différentes longueurs d'onde sont interprétées en différentes couleurs par nos yeux et notre cerveau), l'ultraviolet, les rayons X et les rayons gamma. En astronomie, l'étude des différents domaines du spectre électromagnétique permet d'obtenir des informations sur les objets et les événements célestes. Les observations en micro-ondes permettent par exemple d'imager le fond diffus cosmologique, la plus ancienne lumière de l'Univers. De l'autre côté du spectre, les observations en rayon X et gamma permettent de mettre en évidence les événements les plus énergétiques de l'Univers, comme les fusions d'étoiles à neutrons ou les supernovas. Le domaine infrarouge est intéressant car il permet d'observer des objets très anciens, et traverse efficacement les nuages de poussière et de gaz, qui peuvent perturber les observations dans le domaine visible.

La NASA étudie déjà les solutions susceptibles d'être mises en place après *James Webb*. Quatre projets sont à l'étude pour un lancement autour de 2040. *LUVOIR* permettrait le déploiement d'un miroir segmenté de 8 à 15 mètres de diamètre, qui se concentrerait sur la même partie du spectre électromagnétique que *Hubble*. Un tel télescope serait théoriquement capable d'analyser les gaz présents dans l'atmosphère de planètes supposées habitables. Il pourrait même fournir des images de ces planètes grâce à un coronographe* très performant.

HabEx est une autre proposition qui repose sur un miroir de 4 mètres « seulement », formé d'une seule pièce. Comme le nom de l'observatoire le laisse deviner, sa mission serait exclusivement tournée vers les exoplanètes potentiellement habitables. Pour se donner les meilleures chances de les observer, il serait doté d'un coronographe* très audacieux. Il ne s'agirait plus d'un petit masque intégré à ses instruments, puisque le masque du coronographe* d'*HabEx* mesurerait entre 50 et 70 mètres de diamètre et serait situé à quelques milliers de kilomètres du télescope, sur un second vaisseau ! Ce qui permettrait d'occulter la lumière de l'étoile, avant même qu'elle n'entre dans le dispositif optique du télescope.

La troisième proposition nommée *Lynx* se concentrerait sur le domaine des rayons X, ce qui lui permettrait d'observer certains des phénomènes les plus énergétiques de l'Univers (comme les jets et les disques d'accrétion* des trous noirs supermassifs) avec une précision inégalée.

Enfin, l'Observatoire OST pourrait mettre en œuvre un miroir de 6 à 10 mètres de diamètre pour réaliser des observations dans l'infrarouge lointain, ce qui lui permettrait d'étudier la formation des systèmes planétaires* et le rôle que jouent l'eau et certains composés chimiques dans leur habitabilité.

Tous ces projets auront besoin de lanceurs* gigantesques qui n'existent pas forcément aujourd'hui. Les programmes *James Webb* et *Nancy-Grace-Roman* (un autre grand télescope qui sera lancé en 2025) ont très largement dépassé leur budget et ont accumulé les retards. La NASA pourrait donc se montrer très prudente concernant le choix de son prochain télescope géant. En attendant, de nombreux observatoires un peu moins impressionnants vont être déployés dans l'espace au cours des deux prochaines décennies. On a déjà évoqué *PLATO*, *ARIEL* et *Euclid* dans les précédents chapitres. Le domaine des rayons X devrait être particulièrement bien servi avec le lancement des missions *IXPE* en 2021, *XRISM* en 2022 et *ATHENA* en 2031. Enfin, en 2024, la NASA lancera *SPHEREx*, un observatoire infrarouge qui mènera l'enquête sur l'inflation cosmique, cette période très courte de l'histoire de l'Univers qui l'a vu grandir dans des proportions incroyables.

LES TÉLESCOPES TERRESTRES

Sur Terre, une nouvelle génération de télescopes voit elle aussi très grand. Les télescopes terrestres ont l'avantage de pouvoir laisser de côté les préoccupations de masse et de taille, puisqu'ils n'ont pas besoin d'être lancés par une fusée et peuvent donc se permettre de développer des dimensions très importantes. Certains télescopes, comme ceux du VLT, disposent déjà de miroirs primaires de 8,20 mètres de diamètre, ce qui est à peu près le maximum possible pour des miroirs d'une seule pièce. La technique des miroirs segmentés permet par ailleurs à certains observatoires comme le GTC de travailler avec des miroirs de 10 mètres de diamètre. Mais la facilité de construction sur Terre est contrebalancée par une terrible difficulté : l'atmosphère. Ses turbulences déforment les fronts d'ondes lumineuses observés depuis le sol, ce qui dégrade fortement les images produites.

Pour pallier ce problème, les observatoires terrestres font appel à des systèmes d'optique adaptative. Ces derniers mesurent en temps réel les perturbations dues à la traversée de l'atmosphère et déforment subtilement un ou des miroirs secondaires pour compenser au mieux ces effets. Cette technique a beaucoup progressé au cours des dernières décennies et permet maintenant aux télescopes terrestres d'approcher les performances des télescopes spatiaux (qui, eux, ne sont pas soumis aux contraintes de l'atmosphère).

D'ici dix ans, trois nouveaux observatoires terrestres vont voir le jour pour tenter d'exploiter des surfaces collectrices immenses couplées à des systèmes d'optique adaptative de pointe. L'observatoire Européen Austral est ainsi en train de finaliser la construction de l'ELT (Extremely Large Telescope), qui bénéficiera d'un miroir principal de 40 mètres de diamètre ! Il sera composé de 798 segments de 1,40 mètre chacun, et un de ses miroirs secondaires accueillera jusqu'à 8 000 actionneurs qui le déformeront en temps réel pour compenser les turbulences atmosphériques. Cela devrait lui permettre d'atteindre des résolutions quatre fois meilleures que le plus grand télescope terrestre actuel. L'ELT pourra aussi bien imager des exoplanètes que plonger dans l'histoire de l'Univers. Sa construction devrait se terminer d'ici trois à quatre ans.

Quelques années plus tard, ce sera au tour du Télescope de Trente Mètres d'entrer en service. Comme son nom l'indique, il compte exploiter un miroir primaire de 30 mètres de diamètre, constitué de 492 segments. Il bénéficiera lui aussi d'un système d'optique adaptative performant qui devrait lui permettre d'atteindre un pouvoir de résolution dix fois supérieur à celui de *Hubble*.

Enfin, la fin de la décennie devrait être marquée par l'entrée en service du télescope géant Magellan, qui exploitera un miroir primaire de 24,50 mètres, mais qui aura la particularité d'être composé de seulement sept pièces de 8,40 mètres chacune. Son miroir secondaire dédié à l'optique adaptative pourra se déformer plus de 1 000 fois par seconde sur 7 000 points différents. Lui aussi promet donc des performances exceptionnelles. À la différence des télescopes spatiaux, ces nouveaux observatoires terrestres pourront en outre bénéficier au cours de leur vie de nouveaux instruments qui viendront rehausser leurs performances (qui sera elle-même bien plus longue que celle de *James Webb*). Ils devraient donc se trouver au cœur des découvertes astronomiques des vingt prochaines années !

DES RADIOTÉLESCOPES TOUJOURS PLUS NOMBREUX !

Si 30 ou 40 mètres de surface collectrice semblent être une dimension gigantesque pour un télescope optique, il s'agit d'une ouverture plutôt modeste dans le domaine radio. Les grandes longueurs d'onde étant beaucoup plus tolérantes avec les petites imperfections, il n'est en effet pas nécessaire de polir outre mesure les antennes des radiotélescopes, et elles sont même généralement laissées sans protection, à la merci des éléments.

Les très grands radiotélescopes existent donc depuis des décennies. L'observatoire d'Arecibo, à Puerto Rico, exploite ainsi une antenne de 300 mètres de diamètre depuis le début des années 1960. Il va cependant être prochainement détruit, suite à une série d'incidents survenus en 2020. Le record revient à une installation beaucoup plus récente : l'observatoire chinois FAST, entré en service l'année dernière et disposant d'une antenne de 500 mètres de diamètre ! Cette dernière est capable de se déformer, ce qui lui permet de pointer vers une partie du ciel même si l'antenne dans son ensemble reste immobile. Les antennes mobiles sont en effet bien plus petites puisqu'il faut pouvoir les faire pivoter, voire les déplacer le long de rails. Mais de ce côté-là aussi, la Chine voit grand. L'agence spatiale chinoise, la CNSA*, est en train de faire construire la plus grande antenne mobile de radioastronomie : elle devrait mesurer 110 mètres de diamètre et entrer en service en 2023.

Les grandes antennes ne font cependant pas tout, et il est parfois plus efficace de faire travailler ensemble un grand nombre de petites antennes. Cette technique s'appelle l'interférométrie et permet de combiner les signaux de plusieurs radiotélescopes (parfois très distants) pour simuler les performances d'un observatoire bien plus grand. C'est le principe qui préside à l'organisation du Square Kilometer Array (SKA) que nous avons évoqué précédemment. Il doit regrouper des milliers d'antennes de différents types pour une surface collectrice totale de 1 kilomètre carré (d'où son nom). C'est un projet colossal qui ne sera pas en service avant au moins 2027. Il devrait alors faire entrer la radioastronomie dans une nouvelle ère, grâce à une sensibilité 50 fois supérieure aux meilleurs observatoires actuellement en activité.

Par la suite, un des défis de la radioastronomie sera d'envoyer un tel réseau d'antennes dans l'espace, ce qui permettrait notamment de mener des observations dans les très basses fréquences. Ces dernières sont en effet bloquées par l'ionosphère* terrestre, or elles recèlent quantité d'informations sur les premiers âges de l'Univers et l'époque de la réionisation*. Le projet OLFAR propose donc d'envoyer une cinquantaine de petits satellites au niveau de l'orbite lunaire ou d'un point de Lagrange*. Chacun d'eux étant équipé d'une antenne basse fréquence, ils voleraient en formation serrée, à moins de 100 kilomètres les uns des autres, formant ainsi un système d'interférométrie très performant, qu'il serait ensuite possible d'agrandir en envoyant plus de satellites. C'est peut-être le type de projet qui sera rendu possible par une baisse continue des prix de l'accès à l'orbite et à la Lune.

LA RÉVOLUTION DE L'ASTRONOMIE GRAVITATIONNELLE

À côté des télescopes et radiotélescopes, outils exploités par l'astronomie depuis plus d'un siècle, une nouvelle fenêtre s'est ouverte sur le cosmos le 14 septembre 2015. Ce jour-là, deux interféromètres laser ont pour la première fois enregistré le passage d'une onde gravitationnelle. L'existence des ondes gravitationnelles avait été prédite par Albert Einstein presque un siècle plus tôt. Il s'agit d'oscillations de la courbure de l'espace-temps qui se produisent lorsque des objets massifs sont accélérés. Certains événements particulièrement violents de l'Univers (comme la fusion de deux trous noirs) produisent des ondes gravitationnelles qui peuvent voyager sur des milliards d'années-lumière.

Pour détecter le passage de ces ondes, d'immenses instruments ont été construits aux États-Unis et en Italie : les fameux interféromètres. Ces dispositifs font voyager un faisceau laser le long de deux bras perpendiculaires de 3 à 4 kilomètres chacun. Les faisceaux rebondissent sur un miroir en bout de course et reviennent vers leur point d'origine avant d'être recombinés pour former une figure d'interférence. L'ensemble du dispositif est suspendu et placé sous vide pour limiter au maximum les perturbations liées à l'environnement terrestre.

La figure d'interférence permet de déterminer si la lumière a parcouru la même distance dans les deux bras de l'interféromètre. En effet, lorsqu'une onde gravitationnelle traverse le dispositif, elle déforme localement l'espace-temps : elle étire légèrement un des bras de l'interféromètre, et contracte tout aussi légèrement l'autre, ce qui altère le chemin emprunté par le faisceau laser et modifie donc la figure d'interférence. L'effet est extrêmement subtil, et c'est pourquoi ces instruments ont besoin de bras de plusieurs kilomètres pour être capables de détecter une toute petite variation. Il n'est donc devenu possible que très récemment de construire des interféromètres suffisamment sensibles pour prouver l'existence des ondes gravitationnelles.

Cette technique constitue une toute nouvelle façon d'étudier le cosmos, et malgré sa jeunesse, elle a déjà produit des résultats impressionnants. Elle a permis d'apporter une preuve supplémentaire de l'existence des trous noirs en détectant les ondes gravitationnelles produites par leur fusion. Une détection a par ailleurs pu mettre en évidence un trou noir de taille intermédiaire, un type d'objet dont on soupçonnait l'existence depuis des décennies.

Peu d'événements peuvent encore être étudiés par le biais des ondes gravitationnelles, car seuls les plus énergétiques d'entre eux sont pour le moment détectables, à savoir certaines fusions de trous noirs ou d'étoiles à neutrons. Les interféromètres américains et italiens seront bientôt rejoints par de nouveaux détecteurs au Japon et en Inde. Tous ces instruments sont aussi améliorés en permanence pour augmenter leur sensibilité. D'ici quelques années, ils devraient être capables de détecter plusieurs centaines d'événements à chaque période d'observation.

L'astronomie gravitationnelle n'en est qu'à ses balbutiements et va devoir se doter d'instruments encore plus sensibles pour élargir ses horizons. Une des manières d'y parvenir est d'utiliser des bras d'interféromètres beaucoup plus longs. C'est ce que compte faire l'Agence spatiale européenne avec la mission *LISA*. Cette dernière va permettre d'installer un interféromètre dans l'espace, qui sera constitué de trois satellites volant de concert pour former un triangle équilatéral. Les côtés de ce triangle feront 5 millions de kilomètres chacun (presque 400 fois le diamètre de la Terre) et serviront de bras à l'interféromètre. Un tel dispositif devrait à la fois être très sensible et permettre la détection d'ondes gravitationnelles de basse fréquence, ce qui est impossible avec les interféromètres installés sur Terre. *LISA* devrait ainsi pouvoir détecter de nombreux événements mettant en scène des trous noirs supermassifs et d'autres objets très compacts. L'observatoire permettra peut-être aussi de mettre en évidence des signaux inattendus, ce qui pourrait ouvrir la porte à des percées en cosmologie ou en physique fondamentale.

L'ASTRONOMIE MULTIMESSAGER, OU L'ART DE COMBINER LES SIGNAUX

L'avènement de l'astronomie gravitationnelle ouvre par ailleurs la porte à une nouvelle discipline qui combine les observations issues de différents canaux. Un même événement peut ainsi être observé sur le spectre électromagnétique (ondes radio, infrarouge, lumière visible, ultraviolet, rayons X et gamma), *via* les ondes gravitationnelles et par un éventuel flux de particules (neutrinos, électrons, protons ou neutrons) qui nous parviendrait.

En combinant tous ces moyens d'observation, il devient possible d'acquérir beaucoup plus d'informations sur la source. C'est un peu comme si vous aviez pu observer un animal pendant des décennies, et que tout à coup vous pouviez aussi l'entendre et le sentir.

Il y a probablement très peu de sources qui sont capables de produire des signaux multimessagers détectables par les instruments que nous avons détaillés dans ce chapitre : les trous noirs, les étoiles à neutrons et éventuellement les supernovas, ces gigantesques explosions qui accompagnent la fin de vie des étoiles massives.

Ces sources ne sont pas toujours des objets. Ce sont aussi des événements, parfois très courts. La détection de ces événements transitoires représente un autre défi de l'astronomie de demain. Elle implique une surveillance quasi permanente de l'ensemble du ciel, pour être sûr de ne pas les manquer. Certains outils qui entreront bientôt en service sont ainsi pensés pour offrir une capacité de couverture importante plutôt qu'une résolution extrême. C'est par exemple le cas de l'observatoire Vera C. Rubin, qui devrait commencer ses observations au cours de 2021.

90 % de son temps d'observation sera dédié à une surveillance méthodique du cosmos, sans objectif particulier. Il devrait être capable de photographier l'ensemble du ciel observable depuis sa position en quelques nuits seulement. Une tâche qu'il répétera inlassablement, dans l'espoir qu'il capture de temps à autre une contrepartie optique à une détection d'ondes gravitationnelles.

Les télescopes géants, les réseaux de radiotélescopes et les interféromètres ultrasensibles promettent une multiplication des découvertes au cours des deux prochaines décennies. Ce sont peut-être ces outils qui permettront d'identifier une planète jumelle de la Terre ou de résoudre le problème de la matière noire. Il est aussi très probable que les observations qu'ils fourniront donnent naissance à plus de questions que de réponses. C'est en partie ce qui fait le piment de l'astronomie !

CONCLUSION
AU-DELÀ DE 2040

Dans cet ouvrage, nous avons essayé d'aborder plusieurs thèmes qui touchent autant à la science qu'à la technologie ou aux aspects commerciaux de l'avancée de l'humanité dans l'espace. Il est bien sûr impossible de prétendre avoir abordé tous ces sujets de manière exhaustive. Certaines personnes consacrent leur vie entière à des questions qui font l'objet d'un chapitre (voire d'un paragraphe) de ce livre.

De même, il y a fort à parier qu'une partie au moins des prédictions réalisées se révélera erronée. Il s'est passé énormément de choses ces vingt dernières années qu'il était difficile d'entrevoir, et il n'y a aucune raison pour que les choses ralentissent au cours des deux prochaines décennies. Il existe ainsi toute une série de possibilités qui appartiennent au domaine de l'improbable, sans être totalement impossibles. Est-ce qu'une société privée comme SpaceX pourrait réellement emmener des hommes jusqu'à Mars ? Est-ce qu'une forme de vie primitive pourrait être découverte dans les profondeurs de cette même planète ? Aujourd'hui, on a envie de répondre « improbable ». Mais ce sont des sujets en constante évolution.

Il existe aussi très certainement des questions qu'on ne se pose pas encore, mais qui seront au centre de l'actualité spatiale dans vingt ans. L'accélération de l'expansion de l'Univers a ainsi été mise en évidence il y a à peine un quart de siècle, et elle occupe aujourd'hui une place centrale dans les tentatives de modéliser le cosmos. Il est donc possible qu'une découverte, une innovation ou un événement mondial vienne complètement chambouler un ou plusieurs des sujets traités dans les chapitres que vous venez de lire. Prenons l'exemple d'*Artemis*, le programme de retour sur la Lune voulu par le président américain Donald Trump. À l'heure où cette conclusion est écrite, ce dernier vient de perdre son siège à la Maison-Blanche. Son remplaçant, Joe Biden, modifiera certainement les ambitions du programme, ce qui devrait donner une direction assez différente aux efforts de la NASA pour la décennie 2020.

C'est pour suivre ces changements, semaine après semaine, que nous avons eu l'idée de créer en 2017 une chaîne YouTube dédiée à ces thématiques. Vous êtes maintenant très nombreux à la suivre, et nous souhaitons vous en remercier ! Pour ceux d'entre vous qui ne la connaissent pas encore, cet ouvrage est une introduction parfaite pour prendre le train en marche. Si vous avez lu ce livre, vous ne devriez pas être trop perdus dans les dernières actualités sur les microlanceurs* ou les sursauts radio rapides.

Malgré les limites de nos prédictions, nous espérons qu'elles vous ont aidé à saisir les enjeux qui accompagneront les thématiques spatiales au cours des prochaines années. Certains d'entre vous souhaitent peut-être s'impliquer personnellement dans ce milieu plein d'avenir. Ce ne sont en effet pas les débouchés qui manquent lorsqu'on souhaite exercer un métier lié à l'espace. On pense en premier lieu aux scientifiques et aux ingénieurs, mais ils ne sont pas les seuls à pouvoir toucher l'Univers du bout des doigts. C'est un milieu qui s'ouvre à des profils de plus en plus divers, notamment grâce à l'arrivée d'une nouvelle génération d'entreprises privées. N'hésitez pas à tenter votre chance !

On pourrait être tentés de pousser l'exercice de la prospective encore plus loin, en se demandant à quoi ressemblera le secteur spatial dans cinquante ans ou dans un siècle. Il s'agit évidemment de spéculations poussées à l'extrême, qui ont une valeur prédictive probablement assez faible. Dans l'hypothèse où l'espèce humaine poursuivrait sa folle course technologique sans s'autodétruire, alors le tournant du XXIIe siècle pourrait assister à des percées très importantes dans le domaine de l'exploration spatiale.

Des organisations du monde entier sont actuellement en train de déployer d'énormes ressources pour tenter de domestiquer la fusion nucléaire, cette réaction qui permet aux étoiles de briller.

À Cadarache, dans le Sud de la France, le projet ITER devrait ainsi produire ses premiers plasmas expérimentaux entre 2025 et 2030. Ce qui ouvrira par la suite la voie à des réacteurs civils capables de produire d'immenses quantités d'énergie de manière relativement propre. Utilisée dans le domaine de la propulsion spatiale, cette technologie permettrait de fortement réduire les temps de trajet vers différentes cibles du Système solaire. Mars pourrait être atteinte en deux à trois mois, contre six à huit actuellement, ce qui rendrait la perspective d'une mission habitée, voire d'une colonisation, bien plus tangible. La Lune deviendrait la cible d'une féroce compétition car sa surface recèle des réserves d'hélium 3, un carburant très intéressant pour la fusion nucléaire.

Une source d'énergie très abondante pourrait aussi un jour amener l'humanité à entreprendre un voyage interstellaire, robotisé dans un premier temps, et peut-être habité par la suite. Même avec les meilleures technologies possible, ce dernier restera cependant soumis aux lois de la physique. Dans cent ans, la vitesse de la lumière sera tout aussi indépassable qu'aujourd'hui, et s'en approcher restera bien trop énergivore pour être raisonnable, fusion nucléaire ou pas. Un voyage interstellaire sera donc l'affaire de décennies, voire de siècles ou de millénaires. Cette option reste envisageable si les voyageurs acceptent que ce soit leur descendance qui arrive à destination, ou si des méthodes médicales d'animation suspendue (les fameux caissons d'hibernation de la science-fiction) sont un jour disponibles.

Sur le plan de la recherche en astronomie et en astrophysique, il est impossible de dire de quoi demain sera fait (au-delà des programmes déjà engagés et des propositions que nous avons évoquées précédemment). On peut cependant aisément deviner que l'humanité aura besoin d'instruments toujours plus grands, précis et énergivores pour faire avancer la recherche dans ces domaines. Un certain nombre de projets aujourd'hui inenvisageables pourraient devenir plus accessibles au fur et à mesure des progrès dans l'accès à l'espace, ainsi que dans sa connaissance.

On pourrait par exemple envisager d'installer un télescope doté d'un miroir liquide de 100 mètres de diamètre sur la Lune. Il obtiendrait la courbure idéale en se maintenant en rotation. C'est un projet irréalisable aujourd'hui, alors qu'il est déjà bien difficile d'amener un simple rover* à la surface de notre satellite. Il pourrait cependant prendre tout son sens dans un futur plus lointain, où le voyage lunaire serait devenu monnaie courante pour les hommes et les machines. La Lune serait ainsi susceptible de devenir le terrain de jeu favori des astronomes. En plus de leurs gigantesques télescopes à miroirs liquides, ils pourraient installer des radiotélescopes sur sa face cachée ; et même des interféromètres y trouveraient un milieu idéal pour détecter des ondes gravitationnelles, sans atmosphère ou activités sismiques pour perturber leurs mesures.

Une humanité disposant de moyens conséquents de propulsion spatiale pourrait même aller encore plus loin. Certains astronomes considèrent que le meilleur télescope possible, c'est le Soleil. De par sa masse (333 000 fois celle de la Terre), notre étoile courbe l'espace-temps et perturbe donc le chemin de la lumière. Cette perturbation agit un peu comme une lentille : elle concentre la lumière des objets situés derrière le Soleil en un point focal, agissant ainsi comme un télescope monumental. Le problème, c'est que le point focal du Soleil change en fonction des objets que l'on souhaite observer, et ce point se situe souvent à très grande distance de la Terre, à au moins 550 fois la distance qui nous sépare du Soleil. Aucune mission spatiale n'a jamais voyagé sur une telle distance, mais avec l'énergie de la fusion nucléaire, envoyer un observatoire pour exploiter ce phénomène deviendrait plus envisageable. Si les difficultés technologiques entourant un tel projet venaient à être aplanies, alors l'humanité du futur aurait ainsi les moyens de contempler la surface de lointaines exoplanètes.

Ce ne sont pas les idées qui manquent pour exploiter un meilleur accès de l'Homme et des machines à l'espace. Afin que ces visions se concrétisent, le problème de la fiabilité des vols orbitaux devra cependant d'abord être résolu. Or l'espace continuera à coûter très cher tant que des architectures de lancement réutilisables et extrêmement fiables n'auront pas été mises au point. De ce côté-ci, les choses ne sont pas très bien engagées. 2020 a été une année absolument catastrophique du point de vue de la réussite des lancements, avec presque 10 % des tirs qui se sont soldés par des échecs. Il faudra attendre que cette statistique descende bien en dessous de 1 % avant qu'il devienne envisageable d'envoyer des réacteurs nucléaires et d'autres systèmes exotiques dans l'espace. C'est cette bataille qui est en train de se jouer avec l'arrivée du *New Space** et de ses dizaines de nouveaux entrants. Ces derniers démontreront peut-être au cours des prochaines décennies qu'il est possible d'abaisser drastiquement le coût de l'accès à l'orbite tout en assurant une fiabilité bien meilleure que celle qui a été observée depuis les débuts de l'ère spatiale. C'est cette réussite (ou cette impossibilité) qui dictera à plus long terme si l'humanité devra cantonner ses activités spatiales à des usages restreints, ou si elle sera capable de quitter son berceau et de s'étendre parmi les étoiles.

LEXIQUE

Accrétion
L'accrétion est un processus d'agglomération qui permet à des objets célestes de capturer de la matière sous l'effet de la gravitation. On pense par exemple que la Terre s'est formée par accrétion. Dans le disque protoplanétaire qui a accompagné la formation du Soleil, des fragments de plus en plus massifs se sont agglomérés, jusqu'à former des protoplanètes*.

Astéroïde géocroiseur
Objet qui évolue à proximité de la Terre. On en connaît environ 22 000, mais il en existe probablement beaucoup plus ! Ces objets sont particulièrement surveillés à cause du risque de collision qu'ils présentent avec notre planète.

Booster
Dans le domaine astronautique, le mot « booster » peut avoir plusieurs sens. SpaceX l'utilise pour désigner les premiers étages de ses lanceurs. Plus traditionnellement, il s'agit de propulseurs d'appoint qui viennent flanquer le premier étage du lanceur* pour fournir une poussée supplémentaire pendant la première phase du vol. Les EAP d'*Ariane 5* ou les SRB de la navette spatiale* sont des exemples connus de boosters.

CNSA
L'agence spatiale chinoise, dont le sigle dérive de l'anglais *(Chinese National Space Administration).* Elle a été fondée en 1993 et est chargée des principaux programmes spatiaux du pays.

Constellation de satellites
Groupe de satellites qui travaillent ensemble pour fournir un service. Elles peuvent supporter des applications de navigation (comme le GPS et *Galileo*), de télécommunication (Eutelsat, Starlink, Kinéis) ou encore d'observation de la Terre (Planet, Unseenlabs). On parle de mégaconstellation pour celles qui regroupent plusieurs centaines ou milliers de satellites.

Coronographe
Dispositif pensé pour occulter la lumière d'un objet astronomique tout en laissant passer celle de son environnement immédiat. Il peut prendre la forme d'un petit masque plus ou moins complexe.

Data mining (ou prospection de données)
Discipline visant à extraire des informations utiles à partir d'un très grand nombre de données brutes, telles que celles produites par des radiotélescopes ou des constellations d'observation de la Terre. Elle a largement recours aux statistiques et à l'intelligence artificielle.

Ergol
Substance qui permet de fournir de l'énergie à un moteur-fusée chimique. Les ergols sont généralement au nombre de deux (un carburant et un oxydant), bien qu'il existe des moteurs monoergol ou triergols. Ils peuvent être à l'état solide ou liquide. Le moteur Vulcain 2 d'*Ariane 5* utilise par exemple de l'hydrogène liquide comme carburant et de l'oxygène liquide comme oxydant.

ESA
Sigle de l'*European Space Agency*, ou Agence spatiale européenne en français. C'est une agence spatiale intergouvernementale fondée en 1975.

Galaxie spirale
Les galaxies de l'Univers observable peuvent prendre plusieurs tailles et formes. Les galaxies spirales adoptent la forme d'un disque avec un bulbe central et plusieurs bras. Elles sont englobées

dans un halo diffus qui dispose d'une forme plus sphérique. La Voie lactée est une galaxie spirale barrée : elle possède une barre centrale en plus de ses bras spiraux.

Interactions élémentaires

La physique reconnaît quatre interactions élémentaires, qui sont responsables de tous les phénomènes physiques de l'Univers. Il s'agit de la gravitation, de l'interaction électromagnétique, de l'interaction forte, qui assure à la cohésion des particules subatomiques, et de l'interaction faible, qui permet notamment la fusion nucléaire au sein des étoiles.

Ionosphère

Partie de l'atmosphère qui se situe entre 60 et 1 000 kilomètres d'altitude. Elle se caractérise par une ionisation partielle de ses gaz.

ISRO

L'*Indian Space Research Organisation* est l'agence spatiale indienne. Elle a été formée en 1969 et gère les différents lanceurs* et missions du pays.

Lanceur

Véhicule spatial capable de placer une charge utile en orbite ou sur une trajectoire interplanétaire. Il peut s'agir de fusées, de navettes ou de tout système capable de réaliser ce travail. Le premier lanceur de l'histoire est la *R-7 Semiorka* soviétique, qui a placé le satellite *Spoutnik* en orbite en 1957. Aujourd'hui, il en existe plusieurs dizaines en activité, et plus d'une centaine en développement. Les lanceurs sont souvent classés selon leur capacité à envoyer des charges utiles plus ou moins massives en orbite. On parle de microlanceurs pour ceux qui peuvent tirer quelques centaines de kilogrammes, de lanceurs légers pour ceux qui peuvent envoyer jusqu'à 2 tonnes en orbite basse*, de lanceurs moyens entre 2 et 20 tonnes, et de lanceurs lourds entre 20 et 50 tonnes. Au-delà de cette capacité, on entre dans le domaine des lanceurs super-lourds. Ces derniers semblent connaître un regain d'intérêt depuis une décennie, avec des fusées comme la *Falcon Heavy*, le *SLS*, la *Longue Marche 9* ou le *Starship*.

Météorite
Objet extraterrestre venu frapper la Terre (ou un autre corps du Système solaire) sans se désintégrer dans l'atmosphère ou à l'impact. La plus grande qui ait été découverte est la météorite d'Hoba, un bloc de fer de 60 tonnes, qui n'a pourtant pas laissé de cratère d'impact.

Météoroïde
Tout petit astéroïde de moins de 1 mètre de diamètre. Les météoroïdes sont souvent issus de la désintégration d'objets plus grands et représentent un risque pour les structures en orbite, car bien qu'ils soient difficiles à détecter, ils restent dangereux du fait de leur grande vitesse.

NanoSat
La miniaturisation a engendré la création d'une nouvelle classification pour les satellites. On parle de minisatellites pour des engins de moins de 500 kilogrammes, de microsatellites pour des engins de moins de 100 kilogrammes et de nanosatellites (ou NanoSats) pour des engins de moins de 10 kilogrammes. Ces derniers correspondent le plus souvent au format CubeSat. Des satellites encore plus petits existent aussi. On parle alors de picosatellites s'ils font moins de 1 kilogramme, et de femtosatellites si leur masse ne dépasse pas 100 grammes ! Ensemble, ils forment la catégorie des SmallSats, qui a connu une croissance fulgurante au cours des vingt dernières années.

Navette autonome
Véhicule orbital doté d'ailes, à la manière d'un avion. Les navettes autonomes n'accueillent pas d'équipage et fonctionnent donc en toute autonomie. Ce sont des appareils capables de revenir se poser sur Terre après leur séjour dans l'espace. L'armée américaine exploite la *X-37B* de Boeing. Européens, Chinois et Indiens travaillent à leur propre version de ces véhicules.

Navette spatiale

C'est un lanceur* orbital qui a été utilisé par la NASA entre 1981 et 2011. En grande partie réutilisable, elle était constituée de trois parties : l'orbiteur (la navette en elle-même), le réservoir externe (le gros cylindre orange placé sous le ventre de la navette) et les deux boosters* latéraux. Cinq navettes spatiales ont été produites : *Colombia*, *Challenger*, *Discovery*, *Atlantis* et *Endeavour*. Deux d'entre elles ont malheureusement été détruites dans de terribles accidents.

New Space

Ce terme désigne l'ensemble des entreprises qui se sont créées dans le secteur spatial suite à la libéralisation de ce dernier. Elles exploitent souvent des méthodes de travail issues de la Silicon Valley et cherchent à abaisser les coûts des services spatiaux.

NRO

La *National Reconnaissance Office* est l'administration américaine chargée des satellites espions du pays. Elle en gère actuellement une cinquantaine.

Orbite basse

Un satellite en orbite autour de la Terre peut adopter différentes altitudes. On parle d'orbite basse pour les appareils évoluant à moins de 2 000 kilomètres de la surface. L'orbite moyenne concerne les satellites situés entre 2 000 et 36 000 kilomètres, tandis que l'orbite haute désigne ceux qui évoluent encore plus haut.

Orbite géostationnaire

Orbite circulaire située à 35 786 kilomètres au-dessus de l'équateur. Les satellites évoluant sur cette orbite restent en permanence au-dessus du même point de la Terre. Cette orbite est donc particulièrement utile pour les satellites de télécommunications qui doivent couvrir une certaine zone géographique.

Point de Lagrange

Lorsque deux corps massifs sont en orbite l'un autour de l'autre (comme le Soleil et la Terre, ou la Terre et la Lune), ils créent cinq points d'équilibre sur lesquels des objets peuvent évoluer de manière stable. On nomme ces points les points de Lagrange L1, L2, L3, L4 et L5.

Protoplanète

Embryon de planète qui se forme dans les premiers âges d'un système planétaire*. Le Système solaire a probablement connu des centaines de protoplanètes à ses débuts. À force de collisions, elles ont fini par former les huit planètes que nous connaissons aujourd'hui, ainsi que les planètes naines qui se trouvent dans la ceinture principale d'astéroïde et dans la ceinture de Kuiper.

Pulsar

Étoile à neutrons émettant un signal périodique très régulier. Ce phénomène est dû au puissant champ magnétique de l'objet, responsable d'un rayonnement intense au niveau de ses pôles. Les pôles magnétiques n'étant pas toujours alignés avec l'axe de rotation des pulsars, il en résulte que les faisceaux de rayonnement balaient le cosmos à la manière d'un phare. Si ces faisceaux balaient la Terre, ils nous donnent l'impression que l'objet clignote.

Régolithe

Partie du sol la plus superficielle d'un astre. Sur la Lune ou sur des astéroïdes, il prend la forme d'une couche plus ou moins épaisse de poussière, formée par les impacts successifs de météorites*.

Réionisation

Période de l'histoire de l'Univers au cours de laquelle une grande partie des atomes d'hydrogène neutre ont été ionisés par une source de rayonnement. Cet épisode a eu lieu quelques centaines de millions d'années après le big bang, probablement suite à l'apparition des premières étoiles et galaxies.

Rover

Engin d'exploration à roues capable de se déplacer sur un corps du Système solaire. Le premier rover, *Lunokhod 1*, a été déployé sur la Lune en 1970 par l'URSS. Depuis, plusieurs rovers ont notamment mené des missions sur Mars. Les autres corps du Système solaire présentent des environnements plus difficiles pour ces engins. En 2025, les agences spatiales française et allemande tenteront de déployer un rover à la surface de la lune martienne Phobos !

Séquence principale

Ce terme désigne la phase de la vie d'une étoile pendant laquelle elle fusionne de l'hydrogène pour former de l'hélium (le Soleil est par exemple sur la séquence principale). Dès qu'elle a épuisé tout l'hydrogène présent dans son cœur, une étoile quitte la séquence principale pour un stade plus avancé de sa vie. Le Soleil par exemple, deviendra une géante rouge après avoir quitté la séquence principale.

Système planétaire

Ensemble de planètes et de corps célestes en orbite autour d'une étoile. À ne pas confondre avec un système stellaire, qui désigne un groupe de plusieurs étoiles qui gravitent les unes autour des autres.

Tuyère

Pièce de moteur-fusée qui permet d'accélérer les gaz de combustion à des vitesses supersoniques. Les tuyères peuvent adopter plusieurs forment pour répondre à différentes contraintes.

Cet ouvrage est composé de matériaux issus de forêts bien gérées certifiées FSC®, de matériaux recyclés et de matériaux issus d'autres sources contrôlées.

Le Forest Stewardship Council® est une organisation internationale non gouvernementale qui encourage une gestion écologiquement adaptée, socialement bénéfique et économiquement viable des forêts de la planète. Pour en savoir plus, consultez le site www.fsc.org

FSC
www.fsc.org
MIXTE
Papier issu de sources responsables
FSC® C022829

Achevé d'imprimer en janvier 2021
sur les presses de la Nouvelle Imprimerie Laballery
58500 Clamecy
Dépôt légal : février 2021
N° d'impression : 011505

Imprimé en France

La Nouvelle Imprimerie Laballery
est titulaire de la marque Imprim'Vert®